Merertu Wakuma Rundassa
Sudha Singh
Ankush Wadhwa

Indústria têxtil e de vestuário da Etiópia, estudo de caso sobre ERP

Merertu Wakuma Rundassa
Sudha Singh
Ankush Wadhwa

Indústria têxtil e de vestuário da Etiópia, estudo de caso sobre ERP

ScienciaScripts

Cover image: www.ingimage.com

This book is a translation from the original published under ISBN 978-3-659-78153-7.

Publisher:
Sciencia Scripts
is a trademark of
Dodo Books Indian Ocean Ltd. and OmniScriptum S.R.L publishing group

120 High Road, East Finchley, London, N2 9ED, United Kingdom
Str. Armeneasca 28/1, office 1, Chisinau MD-2012, Republic of Moldova, Europe
Printed at: see last page
ISBN: 978-620-8-16594-9

RECONHECIMENTO

Em primeiro lugar, estou em dívida para com os meus conselheiros, a **Sra. SUDHA SINGH (Professora Associada e Coordenadora do Centro, NIFT Bangalore)** e o **Sr. ANKUSH WADHUWA (Gestor de Desenvolvimento Empresarial, Grupo de Soluções Empresariais, Infinite Computer Solutions),** que moldaram o esqueleto da minha investigação e me deram instruções e comentários amáveis. Gostaria de lhes agradecer a sua orientação sincera e a valiosa partilha de experiências.

Gostaria também de agradecer ao meu melhor amigo, Sr. Miresa Neme Dhaba, que sempre me lembrou de trabalhar arduamente e me ajudou dando as melhores ideias e apoio na minha investigação, mesmo estando longe de mim na Europa, Noruega.

Por último, mas não menos importante, gostaria de agradecer aos meus amigos na Etiópia que me ajudaram a recolher informações sobre as empresas da indústria têxtil e de vestuário da Etiópia para os meus dados.

ÍNDICE DE CONTEÚDOS:

CAPÍTULO 1

1.1 Introdução

No atual ambiente empresarial dinâmico e turbulento, existe uma forte necessidade de as organizações se tornarem globalmente competitivas. O guia de sobrevivência para a competitividade é estar mais próximo do cliente e fornecer produtos e serviços de valor acrescentado no mais curto espaço de tempo possível. Tem de haver uma interação muito maior entre os clientes e os fabricantes. Atualmente, as organizações confrontam-se com novos mercados, nova concorrência e expectativas crescentes dos clientes.

Este facto colocou uma enorme exigência aos fabricantes:

- Custos totais mais baixos em toda a cadeia de abastecimento;
- Reduzir os tempos de produção;
- Reduzir as existências ao mínimo;
- Aumentar a gama de produtos;
- Melhorar a qualidade do produto;
- Fornecer datas de entrega mais fiáveis e um melhor serviço ao cliente;
- Coordenar eficazmente a procura, a oferta e a produção a nível mundial.

Isto, por sua vez, exige a integração dos processos empresariais de uma empresa. O planeamento de recursos empresariais (ERP) é uma ferramenta estratégica que ajuda a empresa a ganhar vantagem competitiva através da integração de todos os processos empresariais e da otimização dos recursos disponíveis. Os sistemas de planeamento de recursos empresariais (ERP) são sistemas de informação normalizados de grande dimensão, integrados em toda a empresa, que automatizam todos os aspectos do processo empresarial de uma organização. O conceito de ERP é que as funções empresariais que incorporam a produção, o marketing (vendas e distribuição), os recursos humanos, as finanças e a informação podem ser apoiadas por um único sistema integrado com todos os dados da empresa capturados numa base de dados central. Os sistemas ERP melhoram o fluxo de informações entre as diferentes funções de uma empresa e facilitam também a partilha de informações entre unidades organizacionais e localizações geográficas. Permitem que os gestores planeiem com precisão, tomem decisões prontamente e controlem adequadamente, ganhando flexibilidade num ambiente em tão grande mudança através da informação em tempo real. A implementação do ERP tornou-se uma tendência inevitável para as empresas, fl]

1.2 Declaração do problema

A concorrência global e a rápida evolução das necessidades dos clientes estão a forçar grandes mudanças nos estilos de produção e na configuração das organizações fabris.

Cada vez mais, os mecanismos tradicionais centralizados e sequenciais de planeamento, programação e controlo da produção são considerados insuficientemente flexíveis para responder a estilos de produção em mudança e a variações altamente dinâmicas nos requisitos dos produtos. As abordagens tradicionais limitam a capacidade de expansão e reconfiguração dos sistemas de fabrico. A organização hierárquica centralizada tradicional pode também resultar no encerramento de grande parte do sistema por um único ponto de falha, bem como na fragilidade do plano e no aumento das despesas de resposta. Assim, muitas empresas enfrentam uma pressão crescente para reduzir os custos de produção, melhorar a qualidade da produção e aumentar a capacidade de resposta aos clientes. Numa indústria têxtil e de vestuário, as indústrias têxteis e de vestuário mudaram tremendamente nos últimos anos. Para manter a vantagem competitiva, as empresas devem reexaminar e afinar os seus processos empresariais para fornecerem produtos de alta qualidade a custos muito baixos. A globalização conduziu a um aumento da concorrência e da consciencialização da qualidade, pelo que se tornou muito importante para as indústrias têxteis e de vestuário integrarem-se nas tecnologias da informação para sobreviverem. [2]

A Etiópia está a realizar o seu potencial como futuro local de abastecimento para a indústria têxtil e de vestuário mundial. Com uma população de mais de 80 milhões de pessoas e a economia não petrolífera de mais rápido crescimento em África, a Etiópia representa atualmente oportunidades ilimitadas para os investidores internacionais. Para a indústria têxtil e do vestuário, a Etiópia promete uma localização de produção de baixo custo com recursos naturais como o algodão, que permitem a criação de operações têxteis e de vestuário verticalmente integradas. A indústria têxtil e de vestuário da Etiópia é uma das áreas de produção do país e tem um governo desesperado por construir uma base industrial, gerar receitas estrangeiras através das exportações, aumentar o emprego e, por conseguinte, reduzir a pobreza. flO]

No entanto, devido à falta de integração das suas actividades empresariais, como a conceção, o fabrico, o planeamento de processos, a logística, a gestão da cadeia de abastecimento e outras, como a contabilidade, os recursos humanos, o marketing e a gestão estratégica, a indústria têxtil e de vestuário da Etiópia enfrentou um problema na medida em que não pode ser competente no mercado global. O fraco planeamento da produção, os problemas de gestão dos recursos, a má disposição da produção, os elevados custos de produção, a má gestão da manutenção, os problemas de custo das matérias-primas e das ferramentas e as máquinas obsoletas agravam o atraso na produção e conduzem ao aumento dos custos de produção nestas indústrias. Por outro lado, as indústrias têxteis e de vestuário de outros países mudaram tremendamente nos últimos anos e a globalização levou a um aumento da concorrência e da consciência da qualidade. Assim, para manter a vantagem competitiva, as empresas têxteis e de vestuário da Etiópia devem reexaminar e afinar os seus processos empresariais para fornecerem produtos de alta qualidade a custos muito baixos. Por conseguinte, tornou-se muito importante para as indústrias têxteis e de vestuário da Etiópia integrarem-se nas tecnologias da informação para sobreviverem. O ERP é um sistema integrado que permite a entrada de informação num único ponto do processo e actualiza uma única base de dados partilhada para todas as funções que dependem direta ou indiretamente dessa informação. Este projeto de investigação tem como objetivo estudar as soluções ERP para a indústria têxtil e de vestuário da Etiópia, de modo a torná-la competitiva no mercado globalizado e também para procurar mercado para o ERP na indústria da Etiópia.

Objetivo

- Estudar a indústria têxtil e de vestuário da Etiópia e o atual sistema informático desta indústria.
- Estudar a sensibilização da indústria têxtil e de vestuário da Etiópia para o Planeamento de Recursos Empresariais (ERP).
- Compreender o potencial de mercado do sector têxtil e do vestuário da Etiópia para o ERP
- Estudar qual o sistema de TI mais utilizado na indústria têxtil e de vestuário da Etiópia e quais os desafios que enfrentam no sistema de TI.

Metodologia

Para este projeto, serão utilizados dados primários e secundários.

- ✓ Os dados primários foram recolhidos através de conversas telefónicas e de questionários em linha
- ✓ Foram recolhidos dados secundários de diferentes fontes relacionadas com este projeto.

CAPÍTULO 2

2. Introdução sobre a Etiópia

2.1. GEOGRAFIA

A Etiópia está situada no Corno de África e faz fronteira a norte e nordeste com a Eritreia, a leste com o Djibuti e a Somália, a sul com o Quénia e a oeste e sudoeste com o Sudão. O país tem um planalto central elevado que varia entre 1.800 e 3.000 metros (6.000 pés - 10.000 pés) acima do nível do mar, com algumas montanhas a atingir 4.620 metros (15.158 pés). A elevação é geralmente mais elevada imediatamente antes do ponto de descida para o Grande Vale do Rift, que divide o planalto na diagonal. Vários rios atravessam o planalto - nomeadamente o Nilo Azul, que corre do Lago Tana. O planalto inclina-se gradualmente para as terras baixas do Sudão, a oeste, e para as planícies habitadas pela Somália, a sudeste.

Fig 2.1 Mapa da Etiópia

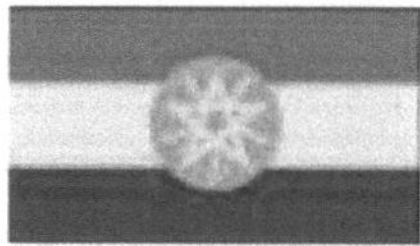

Fig 2.2 Bandeira nacional da Etiópia

O clima é temperado no planalto e quente nas terras baixas. Em Adis Abeba, que se situa entre os 2.200 e os 2.600 metros (7.000 pés - 8.500 pés), a temperatura máxima é de 26° C (80° F) e a mínima de 4° C (40° F). O tempo é geralmente ensolarado e seco, com chuvas curtas de fevereiro a abril e chuvas fortes que começam em meados de junho e terminam em meados de setembro.

2.2. PESSOAS

A população da Etiópia é muito diversificada. A maioria dos seus habitantes fala uma língua semítica ou cuchita. Os Oromo, os Amhara e os Tigre constituem mais de três quartos da população, mas existem mais de 77 grupos étnicos diferentes com as suas próprias línguas distintas na Etiópia. Alguns destes grupos têm apenas 10.000 membros. Em geral, a maioria dos cristãos vive nas terras altas, enquanto os muçulmanos e os adeptos das religiões tradicionais africanas tendem a habitar as regiões de planície. O inglês é a língua estrangeira mais falada e é ensinado em todas as escolas secundárias. O amárico é a língua oficial e era a língua do ensino primário, mas foi substituído em muitas zonas por línguas locais como o oromifa e o tigrínia.

2.3. HISTÓRIA

Ossos de hominídeos descobertos no leste da Etiópia, datados de há 4,4 milhões de anos, fazem da Etiópia um dos mais antigos locais conhecidos de antepassados humanos. A Etiópia é o país independente mais antigo de África e um dos mais antigos do mundo. Heródoto, o historiador grego do século V a.C., descreve a antiga Etiópia nos seus escritos. O Antigo Testamento da Bíblia regista a visita da Rainha de Sabá a Jerusalém.

2.4. Governo e condições políticas

A Etiópia é uma república federal ao abrigo da Constituição de 1994. O poder executivo inclui um presidente, um Conselho de Estado e um Conselho de Ministros. O poder executivo pertence ao primeiro-ministro. O Parlamento é bicameral e as eleições legislativas nacionais realizaram-se em 2005. O poder judicial é constituído por tribunais federais e regionais.

2.5. Etiópia Crescimento e estrutura da economia

Pelos padrões africanos, a Etiópia é um país potencialmente rico, com solos férteis e boa pluviosidade em vastas regiões. Os agricultores produzem uma variedade de cereais, incluindo trigo, milho e painço. O café também cresce bem nas encostas do sul. Os pastores podem criar gado bovino, ovino e caprino em quase todas as regiões do país. Para além disso, a Etiópia possui vários minerais valiosos, incluindo ouro e platina.

Ao contrário da maioria dos países da África Subsariana, os recursos da Etiópia permitiram que o país mantivesse contactos com o mundo exterior durante séculos. Desde a antiguidade, os comerciantes etíopes trocavam ouro, marfim, almíscar e peles de animais selvagens por sal e artigos de luxo, como a seda e o veludo. No final do século XIX, o café tornou-se uma das mais importantes culturas de rendimento da Etiópia.

O atual governo iniciou um programa cauteloso de reforma económica, incluindo a privatização de empresas estatais e a racionalização da regulamentação governamental. Embora o processo ainda esteja em curso, até à data as reformas só atraíram grandes investimentos estrangeiros e o governo continua fortemente envolvido na economia.

2.5.1. Agricultura

A economia etíope baseia-se na agricultura, que contribui com 45,9% para o PIB e mais de 80% das exportações, e emprega 85% da população. A principal cultura agrícola de exportação é o café, que representa cerca de 35% das receitas em divisas da Etiópia, contra 65% há uma década, devido à queda dos preços do café desde meados da década de 1990. Outras grandes exportações agrícolas tradicionais são o couro, os couros e peles, as leguminosas, as oleaginosas e o tradicional "khat", um arbusto de folhas que tem qualidades psicotrópicas quando mastigado. A produção de açúcar e de ouro também se tornou importante nos últimos anos

2.5.2. Indústria transformadora (indústria) (não têxtil)

Este sector contribui apenas com cerca de 12% do PIB nacional. Poderia necessitar de mais investimento. As principais áreas potenciais de investimento na indústria transformadora são a alimentação e as bebidas, as indústrias do couro, os produtos de mel, as indústrias químicas e de produtos químicos, as indústrias baseadas em recursos minerais e o papel

Áreas de fabrico

- Alimentos e bebidas:
- Curtumes, artigos de couro e artigos:
- Vidro e cerâmica
- Químicos e produtos químicos
- Medicamentos e produtos farmacêuticos
- Papel e produtos de papel
- Materiais de construção
- Produtos eléctricos e electrónicos
- Metalurgia
- Produtos estruturais
- Máquinas e equipamentos [5]

2.5.3. Turismo

O turismo na Etiópia representou 5,5% do produto interno bruto (PIB) do país. O governo está a demonstrar o seu empenho e vontade de desenvolver o turismo através de uma série de iniciativas. O turismo é uma componente importante do Documento de Estratégia para a Redução da Pobreza (DERP) da Etiópia, que visa combater a pobreza e incentivar o desenvolvimento económico. [7]

2.5.4. Indústrias têxteis e de vestuário na Etiópia

A indústria têxtil da Etiópia engloba empresas públicas e privadas de média e grande dimensão. As suas principais actividades incluem a fiação, a formulação de tecidos, a tinturaria, o acabamento e a costura.

A Etiópia é o país que a indústria têxtil e de vestuário mundial ignorou. Tem um governo desesperado por construir uma base industrial, por gerar receitas estrangeiras através das exportações, por aumentar o emprego e, por conseguinte, por reduzir a pobreza. E, em particular, o Governo destacou a cadeia de fornecimento total de têxteis e vestuário como um dos seus principais sectores-alvo de crescimento, ajuda e investimento.

O subsector têxtil da Etiópia é a terceira maior indústria transformadora, apenas atrás da indústria de transformação de alimentos e bebidas e da indústria do couro. No ano fiscal de 2006/07, com um valor de produção total de 899,91 milhões de birr (105,87 milhões de USD), a contribuição do subsector têxtil para o PIB nacional é de 2,3% e para o valor de produção da indústria transformadora é de 8,31%.

A Etiópia é dotada de condições geográficas e climatéricas favoráveis e de recursos hídricos abundantes. A expansão da plantação de algodão e o aumento do rendimento garantirão um abastecimento suficiente de matéria-prima para os têxteis.

Além disso, a Etiópia dispõe de uma mão de obra barata. Através da transformação de matérias-primas, é possível melhorar o nível de industrialização e promover o desenvolvimento de toda a economia. [10]

CAPÍTULO 3

3. Indústria têxtil e de vestuário na Etiópia

A Etiópia é o país que a indústria têxtil e de vestuário mundial ignorou. Tem um governo desesperado por construir uma base industrial, por gerar receitas estrangeiras através das exportações, por aumentar o emprego e, por conseguinte, por reduzir a pobreza. E, em particular, o Governo destacou a cadeia de fornecimento total de têxteis e vestuário como um dos seus principais sectores-alvo de crescimento, ajuda e investimento.

No que diz respeito aos têxteis e ao vestuário, ao abrigo de determinadas regras comerciais, não são devidos direitos sobre as exportações da Etiópia para a Europa ou para os EUA, bem como tarifas favoráveis ao abrigo de uma série de acordos bilaterais e do Sistema de Preferências Generalizadas (SPG) para as exportações para muitos outros países.

O país tem uma abundância de mão de obra de baixo custo, fábricas de vestuário recentemente construídas e equipadas.

A Etiópia está a realizar o seu potencial como futuro local de abastecimento para a indústria têxtil e de vestuário mundial. Com uma população de mais de 80 milhões de pessoas e a economia não petrolífera de mais rápido crescimento em África, a Etiópia representa atualmente oportunidades ilimitadas para os investidores internacionais. Para a indústria têxtil e do vestuário, a Etiópia promete uma localização de produção de baixo custo com recursos naturais como o algodão, que permitem a criação de operações têxteis e de vestuário verticalmente integradas.

Através de uma série de reuniões e visitas a fabricantes de têxteis etíopes, a Connect Ethiopia conseguiu identificar produtores de têxteis com os quais irá trabalhar nos próximos meses (2009-2010) para melhorar o nível dos seus produtos. Isto dará aos representantes dos têxteis etíopes uma hipótese realista de se envolverem nos mercados internacionais.

A indústria do algodão da Etiópia poderia gerar oportunidades de exportação significativas, para além de proporcionar às mulheres um rendimento familiar.

O país está envolvido na produção de têxteis nas seguintes categorias:

- Vestuário
- Tecidos
- Acessórios
- Cobertores
- Moinhos integrados

3.1. História e descrição do sector

A primeira fábrica têxtil industrializada na Etiópia foi criada na década de 1930 pelos italianos em Dire Dawa. Após a ocupação italiana em 1935-36, os investimentos em joint ventures com empresas italianas, japonesas e britânicas foram fundamentais para o desenvolvimento inicial da indústria têxtil etíope. Estas empresas foram atraídas para o país em parte devido à produção autóctone de algodão em bruto.

A indústria do vestuário teve início na década de 1960, com a criação da Addis Garments (vulgarmente conhecida como Augusta) por três italianos em 1965, seguida da Nazareth Garments, criada pelo Governo e que entrou em funcionamento em 1992. A empresa foi privatizada em 2006.

Atualmente, a indústria têxtil e do vestuário ainda está a dar os primeiros passos, mas tem um enorme potencial de exportação. Possui algodão bruto autóctone e potencial para produzir outras fibras naturais, como cânhamo, rami, linho, linho, seda e bambu, e uma cadeia de abastecimento têxtil

integrada que inclui fiação, tecelagem, tricotagem, tinturaria e acabamento, embora necessite de modernização e expansão.
A indústria é constituída por oito fábricas têxteis integradas, todas elas ainda propriedade do Governo, com exceção da Almeda Textiles, duas fiações, duas fábricas de inhame e fios e três fábricas de cobertores. A capacidade total destas fábricas é de 120 milhões de m2 de tecido e 32 000 toneladas de inhame por ano. A maior parte das fábricas tornaram-se obsoletas devido à idade avançada e funcionam com uma capacidade significativamente inferior àquela para que foram originalmente concebidas. Quase todas as empresas produzem para os mercados local e de exportação. As exportações destinam-se principalmente aos EUA, à Grécia e ao Médio Oriente.
O sector privado está principalmente envolvido na produção de malhas e de vestuário, embora existam também três fábricas de vestuário em grande escala pertencentes ao Governo, que se destinam quase exclusivamente ao mercado interno. Atualmente, existem cerca de 44 empresas de vestuário, muitas das quais são muito recentes, e mais 80 em alguma fase de desenvolvimento. Os produtos fabricados incluem fatos de senhora e de homem, saias, vestidos, malhas, incluindo T-shirts e pólos, vestuário desportivo, calças, uniformes escolares e de trabalho, vestuário médico, vestuário casual e para crianças, acessórios e têxteis para o lar, bem como têxteis tradicionais tecidos à mão. As indústrias têxteis e de vestuário abastecem principalmente o mercado interno, mas estão atualmente a concentrar-se nos mercados de exportação, incentivadas por políticas e apoios governamentais favoráveis.

3.2. Fornecimento de matérias-primas e acessórios

O algodão é cultivado em 92.000 ha de terras baixas através de agricultura de sequeiro e de regadio. Cinquenta e quatro por cento desta área é cultivada por pequenas explorações, 25% por explorações privadas e 21% por explorações estatais.
O volume total da produção de algodão varia de ano para ano. Nos últimos anos, a média foi de cerca de 110 000 toneladas de algodão em bruto, o que representa um rendimento médio global de 1,22 toneladas de algodão em bruto por hectare. Em termos de algodão em pluma, isto equivale a 39.000 toneladas e 0,43 toneladas por hectare. Existe uma grande variação no rendimento por hectare entre as explorações de sequeiro e as explorações de regadio. Em termos de algodão em pluma, o rendimento por hectare nas explorações de sequeiro é de 0,23 toneladas, enquanto nas explorações de regadio é de 0,82 toneladas.
Parece haver uma mistura de opiniões relativamente à qualidade do algodão cultivado. O comprimento da fibra é tipicamente da ordem de 1,1 in nas explorações de regadio e lin nas explorações de sequeiro. Existem duas grandes categorias de algodão na Etiópia: Selam, da região de Gondar, no noroeste do país, e Awash, da região de Awash, no leste. Existem diferentes qualidades dentro de cada categoria, mas, em geral, o Awash é de melhor qualidade. As fábricas de fiação utilizam geralmente uma mistura dos diferentes tipos de algodão.
A Etiópia exporta algodão há muitos anos, mas de forma intermitente, com as exportações a aumentarem sempre que os preços internacionais são favoráveis. Mais recentemente, a Etiópia exportou 6.000 toneladas de algodão no valor de 8,25 milhões de dólares para a Europa.
Todos os outros materiais - incluindo os fios sintéticos, os fios e tecidos e os produtos químicos - têm de ser importados. Embora seja produzido fio local, este não está à altura das normas internacionais e outros acessórios não estão disponíveis localmente. Os fios, botões, fechos de correr e entretelas de boa qualidade têm de ser importados.

3.3. Máquinas e equipamentos

A tecnologia e as peças sobressalentes utilizadas na maior parte da indústria de vestuário da Etiópia são de nível básico ou médio, embora nas fábricas de vestuário recentemente estabelecidas o equipamento tenda a ser novo. As indústrias de fornecimento de maquinaria e equipamento do país não estão bem desenvolvidas. Existem alguns fabricantes de peças sobresselentes e de ferramentas manuais que podem fornecer a indústria têxtil, e cada fábrica tende a ter as suas próprias oficinas que podem produzir algumas peças para seu próprio uso.

As máquinas são provenientes da China ou de fornecedores internacionais em Itália, Alemanha, Japão e Coreia do Sul. A Typical e a Juki parecem ser os tipos mais populares de máquinas de costura utilizadas nas fábricas de vestuário.

Para encorajar a rápida modernização e expansão necessárias ao crescimento da indústria em conformidade com a política governamental, as empresas podem obter empréstimos a baixo custo para ajudar a cobrir 70% do custo do equipamento, e este equipamento está isento de impostos de importação.

3.4. Trabalho

Com uma população de mais de 80 milhões de habitantes e com baixos custos de mão de obra, a Etiópia dispõe de uma mão de obra competitiva em termos de custos, necessária para o desenvolvimento do subsector têxtil de mão de obra intensiva. No entanto, estes trabalhadores não têm formação e, uma vez que não existem centros de formação governamentais, esta formação tem de ser efectuada nas fábricas. O custo da mão de obra no sector têxtil etíope ronda, em média, os 35 dólares americanos por mês para um trabalhador fabril que trabalhe 45 horas por semana. Verifica-se uma falta de competências de gestão em todos os domínios, incluindo o marketing, a conceção e a pré-produção, a gestão da produção e das operações, a gestão da qualidade e as técnicas de engenharia industrial.

Muitos empresários que criaram as novas empresas de vestuário não têm conhecimentos reais sobre o fabrico de vestuário. Para ajudar a contrariar este problema, o Governo está a ajudar a financiar até 75% do custo dos consultores estrangeiros.

3.5. O mercado interno dos produtos têxteis

A Etiópia é um país de grandes dimensões, com uma população numerosa e uma taxa de crescimento demográfico de 2,7%, criando assim um mercado potencial considerável. De acordo com o programa de desenvolvimento económico do país, a taxa média de crescimento do produto interno bruto (PIB) para os próximos cinco anos será de cerca de 7%. Em resultado deste crescimento económico e dos progressos realizados na redução da pobreza, bem como da melhoria do nível de vida da população, a procura de vestuário no mercado local deverá aumentar exponencialmente.

Ao contrário de muitos países africanos, a Etiópia não permite a importação de vestuário em segunda mão para vestir os seus habitantes, embora as importações baratas da China estejam a inibir o crescimento da indústria local.

3.6. O mercado de exportação

A Etiópia iniciou o processo de adesão à Organização Mundial do Comércio (OMC). Tem uma série de acordos comerciais com países exportadores, muitos dos quais oferecem à Etiópia maiores benefícios devido ao seu estatuto de nação menos desenvolvida (LDN).

Nos termos da Lei de Crescimento e Oportunidades para África (AGOA) dos EUA, a Etiópia

beneficia de acesso isento de direitos a uma série de produtos manufacturados, incluindo vestuário pronto a vestir. O regulamento da União Europeia "Tudo Exceto Armas" (EBA) também concede acesso isento de direitos às exportações da Etiópia. As exportações de têxteis e vestuário da Etiópia beneficiam de um acesso preferencial ao abrigo do Sistema de Preferências Generalizadas (SPG) na Áustria, no Canadá, na Finlândia, no Japão, na Noruega e na Suécia. A Etiópia é membro do Mercado Comum para a África Oriental e Austral (COMESA), que engloba 23 países com uma população de 380 milhões de habitantes e permite o acesso ao mercado destes países com tarifas preferenciais.
Com a concretização da União Africana, uma organização internacional fundada para promover a cooperação entre as nações independentes de África, a liberalização do comércio entre os Estados membros poderá proporcionar um maior acesso ao mercado para os têxteis e vestuário etíopes. O país também assinou acordos comerciais bilaterais com mais de 15 nações em todo o mundo, incluindo a Turquia, o Iémen, a Rússia, a Itália, a Suíça, o Kuwait, os Países Baixos, a Bélgica, o Sudão, a Alemanha, a Dinamarca, a Malásia, a Índia e a China.

3.7. Apoio através de políticas e incentivos às indústrias têxteis e de vestuário.

Uma vez que o crescimento das exportações foi reconhecido como sendo de importância primordial, o Governo emitiu uma série de incentivos à exportação. A estratégia a longo prazo do Governo etíope consiste não só em desenvolver a indústria têxtil e do vestuário e em expandir o mercado interno, mas também em desenvolver uma indústria competitiva e rentável no mercado de exportação. O Governo etíope identifica os têxteis como um dos sectores-chave para o desenvolvimento da industrialização e da agricultura sustentada, em conformidade com a política de industrialização liderada pelo desenvolvimento da agricultura (ADLI). Isto ajudará a estabilizar a indústria agrícola, a assegurar um abastecimento constante de algodão de qualidade, a desenvolver novas fibras naturais, a desenvolver toda a cadeia de abastecimento têxtil e a desenvolver uma indústria de vestuário com grande intensidade de mão de obra.
Em suma, o Governo criou um ambiente propício ao rápido desenvolvimento da indústria têxtil total e da sua cadeia de abastecimento.

3.8. Oportunidades e desafios das indústrias têxteis e de vestuário da Etiópia

As oportunidades são as preferências comerciais para a entrada nos Estados Unidos com isenção de quotas e de direitos; o governo da Etiópia oferece incentivos aos exportadores ao abrigo do AGOA; o governo privatizou a indústria têxtil e do vestuário, o que levou a uma vaga de novos investidores no subsector têxtil; e o governo etíope e a USAID criaram um gabinete na Câmara de Comércio de Adis Abeba. Os desafios são a escassez de matérias-primas; os exportadores são obrigados a importar matérias-primas do estrangeiro; a burocracia aquando da importação de matérias-primas; as encomendas não são processadas a tempo de cumprir a data de entrega; o acesso ao crédito é difícil; e a exportação ao abrigo da preferência AGOA é limitada.
Pode concluir-se que, embora a Etiópia tenha de enfrentar muitos desafios para utilizar corretamente o AGOA, os pontos seguintes podem ser considerados oportunidades. O governo criou um pacote de incentivos que oferece oportunidades aos exportadores. O governo também começou a privatizar a indústria têxtil e do vestuário, o que constitui uma base para aumentar o desempenho do sector, tanto a nível interno como de exportação. No entanto, os problemas básicos em matéria de matérias-primas, mão de obra qualificada, infra-estruturas, competência tecnológica e penetração num mercado livre

rígido continuam a constituir um desafio para o sector.

Os principais desafios enfrentados pela indústria têxtil e de vestuário da Etiópia são

- Falta de acesso à informação e às tecnologias internacionais
- Falta de mão de obra especializada
- Custo elevado dos factores de produção no sector transformador, que afecta a competitividade
- Atrasos no desalfandegamento
- Insuficiência de fornecedores de têxteis e acessórios, o que limitou a expansão do sector do vestuário
- Falta de estradas pavimentadas, de infra-estruturas de comunicação, de acesso a telemóveis e à Internet
- Problemas estruturais no sector bancário e financeiro que implicam um acesso limitado ao crédito e às divisas
- Baixa capacidade de produzir quantidades a granel de acordo com as normas dos mercados internacionais

3.9. Análise SWOT da indústria têxtil e de vestuário da Etiópia

3.9.1. Pontos fortes:

- O país tem uma mão de obra numerosa;
- dispõe de uma mão de obra com formação e de custos inferiores aos de outros países concorrentes no sector;
- as condições climatéricas e os recursos fundiários do país favorecem a cultura do algodão (o país dispõe de uma ampla base de matérias-primas);
- Existe um forte empenhamento das empresas no UNIDO-CPD (Organização das Nações Unidas para o Desenvolvimento Industrial - Programa de Desenvolvimento de Clusters).

3.9.2. Pontos fracos:

- Baixa utilização da capacidade instalada de instalações, equipamentos, máquinas e mão de obra ;
- Baixa produtividade;
- Tecnologia obsoleta;
- Falta de competências de gestão eficazes e escassez de técnicos, gestores e pessoal de marketing;
- O empenhamento das empresas privadas em matéria de competências profissionais é muito reduzido;
- Dependência excessiva dos canais tradicionais do mercado;
- Isolamento/falta de ação conjunta;
- Falta de conhecimento das informações sobre o mercado internacional, bem como de capacidade profissional para o comércio internacional;
- Falta de fornecimento de matérias-primas em qualidade e quantidade adequadas e a preços corretos;
- A disciplina de trabalho é deficiente;
- Fraca compreensão do conceito de qualidade.

3.9.3. Oportunidades:

- O sector é uma indústria de primeira ordem e é apoiado por várias medidas políticas;

- O país beneficia de um comércio preferencial com os EUA ao abrigo das disposições da AGOA;
- Pode aproveitar as oportunidades criadas pelas iniciativas "Tudo Exceto Armas" (EBA);
- O acordo do Mercado Comum da África Oriental e Austral (COMESA) também oferece uma boa oportunidade para a indústria, facilitando a importação e exportação de produtos;
- A existência de diferentes instituições de apoio - Ministério do Comércio e da Indústria (MOTI), Normas de Qualidade da Etiópia (QSE), Agência Etíope de Investimento (EIA), Agência Etíope de Privatização (EPA), associações e câmaras de comércio e outras associações profissionais e cívicas);
- Política governamental;
- a existência de uma associação têxtil e de vestuário UNIDO - CDP;
- A grande população.

3.9.4. Ameaças:

- o sector é global e enfrenta a concorrência do mercado;
- a tecnologia do sector está em rápido desenvolvimento, pelo que a indústria etíope está constantemente a tentar recuperar o atraso;
- opera da mesma forma, utilizando as mesmas estratégias que muitas empresas em mercados maduros e estabelecidos;
- o país não tem acesso ao mar, pelo que tem de utilizar os portos de outros países, o que pode causar problemas, como acontece atualmente com a Etiópia;
- não existe uma empresa comercial profissional com uma escala preliminar de gestão da atividade de exportação de vestuário;
- o período de tempo limitado que resta para as oportunidades do AGOA;
- a inexistência de um instituto de formação;
- infra-estruturas deficientes, especialmente a nível das pequenas e médias empresas (PME);
- um pólo industrial não totalmente desenvolvido;
- a imagem do país;
- comércio desleal (utilização de logótipos de outras empresas);
- falta de experiência em matéria de exportação;
- nenhum fabricante de acessórios e peças sobressalentes (tais como botões, fechos de correr, rendas e tecidos de revestimento) e material de embalagem);
- insuficiência de recursos humanos qualificados;
- o programa de formação e de ensino profissional (TVET) no país é fraco e não existem normas obrigatórias para o sector do pronto-a-vestir;
- nenhuma atividade de ligação em rede entre os fornecedores de factores de produção, os membros do agrupamento e o Governo;
- serviço deficiente e eficiência das instituições de apoio flO, 11]

CAPÍTULO 4

4. Planeamento de Recursos Empresariais (ERP)

4.1 O que é o Planeamento de Recursos Empresariais?

O Enterprise Resource Planning (ERP) - e o seu antecessor, o Manufacturing Resource Planning (MRP II) - está a ajudar a transformar a paisagem industrial. Está a possibilitar melhorias profundas na forma como as empresas transformadoras são geridas. É um forte contribuinte para o espantoso desempenho económico dos Estados Unidos na década de 1990 e para o surgimento da Nova Economia. Daqui a meio século, quando for escrita a história industrial definitiva do século XX, a evolução do ERP será vista como um acontecimento marcante.

O software de planeamento de recursos empresariais, ou ERP, não faz jus ao seu acrónimo. Esqueça o planeamento - ele não faz isso - e esqueça os recursos, um termo descartável. Mas lembre-se da parte empresarial.

Esta é a verdadeira ambição do ERP. Tenta integrar todos os departamentos e funções de uma empresa num único sistema informático que possa servir as necessidades específicas de todos esses departamentos.

É uma tarefa difícil, construir um único programa de software que sirva as necessidades do pessoal das finanças, bem como as do pessoal dos recursos humanos e do armazém. Cada um destes departamentos tem normalmente o seu próprio sistema informático, cada um optimizado para as formas particulares como o departamento faz o seu trabalho. Mas o ERP combina-os todos num único programa de software integrado que funciona a partir de uma única base de dados, para que os vários departamentos possam mais facilmente partilhar informações e comunicar entre si.

Esta abordagem integrada pode ter um enorme retorno se as empresas instalarem o software corretamente. Por exemplo, uma encomenda de um cliente. Normalmente, quando um cliente efectua uma encomenda, essa encomenda inicia uma viagem, na sua maioria em papel, de cesto em cesto pela empresa, sendo frequentemente introduzida e reintroduzida nos sistemas informáticos de diferentes departamentos ao longo do percurso. Todo esse tempo de espera nos cestos causa atrasos e perda de encomendas

E toda a introdução de dados em diferentes sistemas informáticos é propícia a erros. Entretanto, ninguém na empresa sabe verdadeiramente qual é o estado da encomenda num determinado momento, porque não há forma de o departamento financeiro, por exemplo, aceder ao sistema informático do armazém para ver se o artigo foi expedido.

Em termos gerais, o planeamento de recursos empresariais (ERP) é descrito como

Um conjunto de ferramentas de gestão para toda a empresa que equilibra a procura e a oferta, contendo a capacidade de ligar clientes e fornecedores numa cadeia de abastecimento completa, proporcionando elevados graus de integração multifuncional entre vendas, marketing, fabrico, logística, compras, finanças, desenvolvimento de novos produtos e recursos humanos, permitindo assim que as pessoas gerem as suas empresas com elevados níveis de serviço ao cliente e de produtividade e, simultaneamente, reduzam os custos e as existências; e fornecendo as bases para um comércio eletrónico eficaz.

Na organização convencional, é muito difícil atravessar os vários departamentos e satisfazer a cadeia de abastecimento de uma ponta à outra. As lacunas entre a entrega e as expectativas são críticas e, por isso, só podem ser colmatadas com uma modelação empresarial de dados de processo integrada, que considere os vários níveis da empresa e ultrapasse as barreiras departamentais, indo ao encontro da cadeia de abastecimento de forma eficaz. [9]

4.2 . A evolução do planeamento de recursos empresariais

4.2.1 Planeamento das necessidades de materiais (MRP)

Antes da década de 1960, as empresas tinham de recorrer às formas tradicionais de gestão de stocks para garantir o bom funcionamento da organização. O mais conhecido entre eles é o EOQ (Economic Order Quantity).

Neste método, cada item do stock é analisado quanto ao seu custo de encomenda e ao custo de manutenção do inventário.

Estabelece-se um compromisso com base numa procura esperada faseada de um ano e, desta forma, pode decidir-se a quantidade de encomenda mais económica. Esta técnica é, em princípio, uma forma reactiva de gerir o inventário.

O ERP começou na década de 1960 como Planeamento das Necessidades de Materiais (MRP), uma consequência dos primeiros esforços no processamento da lista de materiais. O MRP ou Planeamento das Necessidades de Materiais foi introduzido pela primeira vez na década de 1970 como uma abordagem informatizada para planear e obter os materiais necessários para o fabrico/produção.

Os inventores do MRP estavam à procura de um método melhor para encomendar materiais e componentes, e encontraram-no nesta técnica.

O MRP utiliza a Lista de Materiais (BOM) em conjunto com o Plano Mestre de Produção (MPS) para projetar as necessidades de material de cada componente/material/montagem. Ao comparar o inventário com as necessidades de quantidade de produção, o MRP determina se é necessário comprar mais materiais.

A lógica do planeamento das necessidades de material coloca as seguintes questões;

- O que é que vamos fazer?
- O que é necessário para o conseguir?
- O que é que temos?
- O que é que temos de obter?

Esta é a chamada equação universal da produção. A sua lógica aplica-se onde quer que se produzam coisas, quer se trate de aviões a jato, latas de conserva, máquinas-ferramentas, produtos químicos, cosméticos, etc.

Além disso, o MRP utiliza a computação em mainframe como principal fonte de entrada e processamento.

Todo o processamento da aplicação, incluindo a interface do utilizador, era feito centralmente no mainframe. Os dispositivos do utilizador eram "terminais burros" com memória de ecrã mas praticamente sem capacidade de processamento [3].

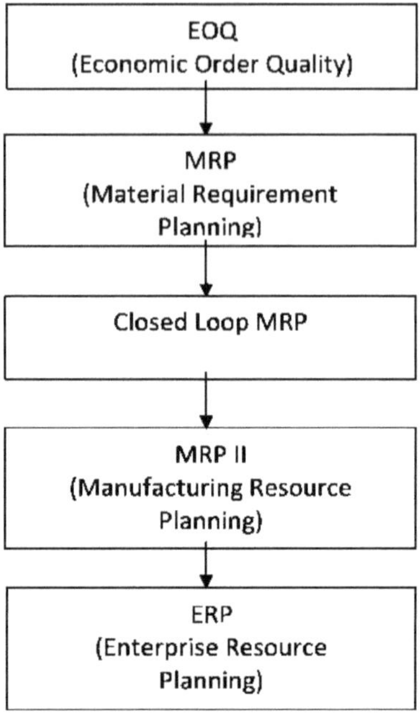

Fig 4.1 avaliação do ERP

4.2.2 . MRP em circuito fechado

No entanto, o MRP evoluiu rapidamente para algo mais do que apenas uma melhor forma de efetuar encomendas. Os primeiros utilizadores depressa descobriram que o Planeamento das Necessidades de Materiais continha capacidades muito superiores à mera apresentação de melhores sinais para a reordenação. Aprenderam que esta técnica podia ajudar a manter válidas as datas de vencimento das encomendas depois de estas terem sido libertadas para a produção ou para os fornecedores. O MRP podia detetar quando a data de vencimento de uma encomenda (quando está prevista a sua chegada) estava desfasada da sua data de necessidade (quando é necessária).

Isto foi uma inovação. Pela primeira vez na indústria transformadora, existia um mecanismo formal para manter as prioridades válidas num ambiente em constante mudança. Isto é importante, porque numa empresa transformadora, a mudança não é simplesmente uma possibilidade ou mesmo uma probabilidade. É uma certeza, a única constante, a única coisa certa.

A função de manter as datas de vencimento das ordens válidas e sincronizadas com estas alterações é conhecida como planeamento de prioridades. As técnicas para ajudar a planear as necessidades de capacidade foram associadas ao planeamento das necessidades de material. Além disso, foram desenvolvidas ferramentas para apoiar o planeamento das vendas de agregados e dos níveis de produção (planeamento de vendas e operações); o desenvolvimento do programa de construção específico (programação principal); previsão, planeamento de vendas e promessa de encomendas de clientes (gestão da procura); e análise de recursos de alto nível (planeamento global da capacidade). Foram introduzidos sistemas para ajudar a executar o plano: várias técnicas de programação das fábricas para a fábrica interna e programação dos fornecedores para a fábrica externa. Estes desenvolvimentos deram origem à segunda etapa desta evolução: o MRP em circuito fechado.

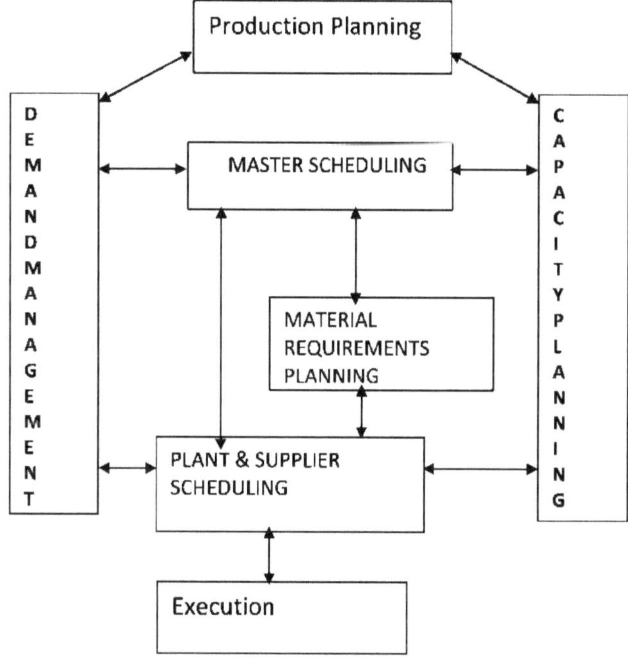

Fig 4.2 MRP em circuito fechado

O MRP em circuito fechado tem uma série de caraterísticas importantes:

Trata-se de uma série de funções e não apenas do planeamento das necessidades de material. Contém ferramentas para abordar tanto a prioridade como a capacidade e para apoiar tanto o planeamento como a execução.

Prevê o retorno de informação das funções de execução para as funções de planeamento. Os planos podem então ser alterados quando necessário, mantendo assim as prioridades válidas à medida que as condições se alteram.

4.2.3 . Planeamento dos recursos de produção (MRP II)

A etapa seguinte desta evolução é designada por Planeamento dos Recursos da Produção ou MRP II (para o distinguir do Planeamento das Necessidades de Materiais, MRP), uma consequência direta e uma extensão do MRP em circuito fechado [9].

Na década de 1980, o MRP expandiu-se da gestão de materiais para o planeamento das instalações e do pessoal e para o planeamento da distribuição, que por sua vez se tornou o MRPII (Manufacturing Resource Planning). Com o amadurecimento dos sistemas de planeamento das necessidades de materiais nas décadas de 1970 e 1980, outras partes do sistema produtivo foram naturalmente adicionadas ao sistema de software informático. Uma

das primeiras funções a ser incluída foi a de compras. Os módulos de software foram expandidos para lidar com dados de custo e capacidades de preço de venda. Dados adicionais sobre as limitações de capacidade dos centros de trabalho foram também integrados em muitos sistemas, uma vez que os sistemas MRP forneciam uma programação pormenorizada para o chão de fábrica. Rapidamente se tornou óbvio que o "planeamento das necessidades de materiais" já não era adequado para descrever o sistema alargado. Atribui-se a Oliver Wight a introdução do nome "manufacturing resource planning-MRP II" para refletir a ideia de que uma parte maior da empresa estava a envolver-se no programa.
"A intenção inicial do MRP II era planear e monitorizar todos os recursos de uma empresa de produção; produção, marketing, finanças e engenharia através de um sistema de circuito fechado que gerasse valores financeiros." O MRP II foi também concebido como uma forma de simular o sistema de fabrico.
A ideia do sistema de ciclo fechado indica que, uma vez que o programa MRP produz um programa de produção inicial, os dados de saída são então enviados para departamentos como vendas e operações para verificar se os planos são realistas e atingíveis. Idealmente, não só estão incluídas muitas funções no sistema de saída, como também existe um feedback fornecido pelas funções de execução, de modo a que o planeamento possa ser mantido sempre válido.
MRP-II Manufacturing Resource Planning, um sistema em que todo o ambiente de produção é avaliado para permitir que os planos principais sejam ajustados e criados com base no feedback das condições actuais de produção/compra. O Planeamento das necessidades de materiais (MRP, ou MRP-I) foi lançado em meados da década de 1960 e rapidamente se tornou popular por fornecer um método lógico e de fácil compreensão para determinar o número de peças, componentes e materiais necessários para a montagem de cada item final na produção.
Com o aumento da potência dos computadores e da procura de aplicações informáticas, os sistemas MRP evoluíram de forma a considerar outros recursos para além dos materiais. Foram adicionados módulos de software para incluir funções como programação, controlo de inventário, finanças, contabilidade e contas a pagar. O MRPII também utilizava Mainframes, mas em conjunto com LAN (Local Area Networks) para introduzir e aceder à informação. Ao utilizar computadores de secretária potentes e LANs, juntamente com aplicações cliente-servidor, os dados tornaram-se descentralizados. Isto, por sua vez, permitiu o aparecimento de ambientes informáticos departamentais com controlo local. As vantagens da computação local eram muitas: os recursos dedicados significavam tempos de resposta muito melhores e os departamentos podiam desenvolver aplicações que melhor satisfizessem as suas necessidades. Estas aplicações eram muitas vezes isoladas e invisíveis para o resto da empresa, com a incapacidade de partilhar informações e recursos com outras partes da empresa.
O MRP II é um método para o planeamento eficaz de todos os recursos de uma empresa de produção. Idealmente, aborda o planeamento operacional em unidades, o planeamento financeiro em dólares e tem capacidade de simulação para responder a perguntas "e se". É composto por uma variedade de funções, cada uma delas ligada entre si: planeamento

comercial, planeamento de vendas e operações, planeamento da produção, plano diretor, planeamento das necessidades de materiais, planeamento das necessidades de capacidade e sistemas de apoio à execução da capacidade e dos materiais. Os resultados destes sistemas são integrados em relatórios financeiros, como o plano de actividades, o relatório de compromisso de compra, o orçamento de expedição e as projecções de inventário em dólares. O planeamento dos recursos da produção é um resultado direto e uma extensão do MRP em circuito fechado [3].

Envolve três elementos adicionais:

1. Planeamento de vendas e operações: um processo poderoso para equilibrar a procura e a oferta ao nível do volume, proporcionando à gestão de topo um controlo muito maior sobre os aspectos operacionais da empresa.
2. Interface financeira: a capacidade de traduzir o plano operacional (em peças, libras, galões ou outras unidades) em termos financeiros (dólares).
3. Simulação: a capacidade de colocar questões "e se" e de obter respostas acionáveis - tanto em unidades como em dólares. Inicialmente, isto era feito apenas numa base agregada, "grosseira", mas os actuais sistemas de planeamento avançado (APS) permitem uma simulação eficaz a níveis muito detalhados.

4.2.4 Planeamento de Recursos Empresariais (ERP)

O último passo nesta evolução é o Planeamento de Recursos Empresariais (ERP). A necessidade de harmonizar o funcionamento de toda uma empresa levou ao desenvolvimento do ERP na década de 1990. O ERP combinou mais áreas dentro da empresa do que o MRP ou o MPRIL O ERP utiliza WANs (Wide Area Networks), o que permite a coordenação das actividades da empresa a nível global. A atração por estes sistemas de informação integrados é evidente. Os fundamentos do ERP são os mesmos que os do MRP II. No entanto, graças em grande medida ao software empresarial, o ERP enquanto conjunto de processos empresariais tem um âmbito mais alargado e é mais eficaz no tratamento de múltiplas unidades empresariais, sendo a integração financeira ainda mais forte. As ferramentas da cadeia de abastecimento, que apoiam a atividade para além das fronteiras da empresa, são mais robustas. Para uma visão gráfica do ERP, ver Figura 4.2 [3].

O Planeamento dos Recursos Empresariais é um resultado direto e uma extensão do Planeamento dos Recursos Industriais e, como tal, inclui todas as capacidades dos PI MRP. O ERP é mais poderoso na medida em que: a) aplica um conjunto único de ferramentas de planeamento de recursos em toda a empresa, b) fornece integração em tempo real de dados de vendas, operacionais e financeiros, e c) liga as abordagens de planeamento de recursos à cadeia de abastecimento alargada de clientes e fornecedores.

A força de vendas introduz uma encomenda num computador e a transação repercute-se em toda a empresa. As listas de inventário e os fornecimentos de peças são actualizados automaticamente, em todo o mundo. Os planos de produção e os balanços reflectem as alterações. O melhor de tudo é que cada empregado tem apenas a informação necessária para o trabalho que tem em mãos. Os ciclos de feedback são positivos e rápidos.

Os vendedores podem prometer datas de entrega firmes e os gestores podem avaliar quase imediatamente os efeitos das decisões que afectam as condições de crédito, os descontos, o inventário ou a gestão da cadeia de abastecimento [3].

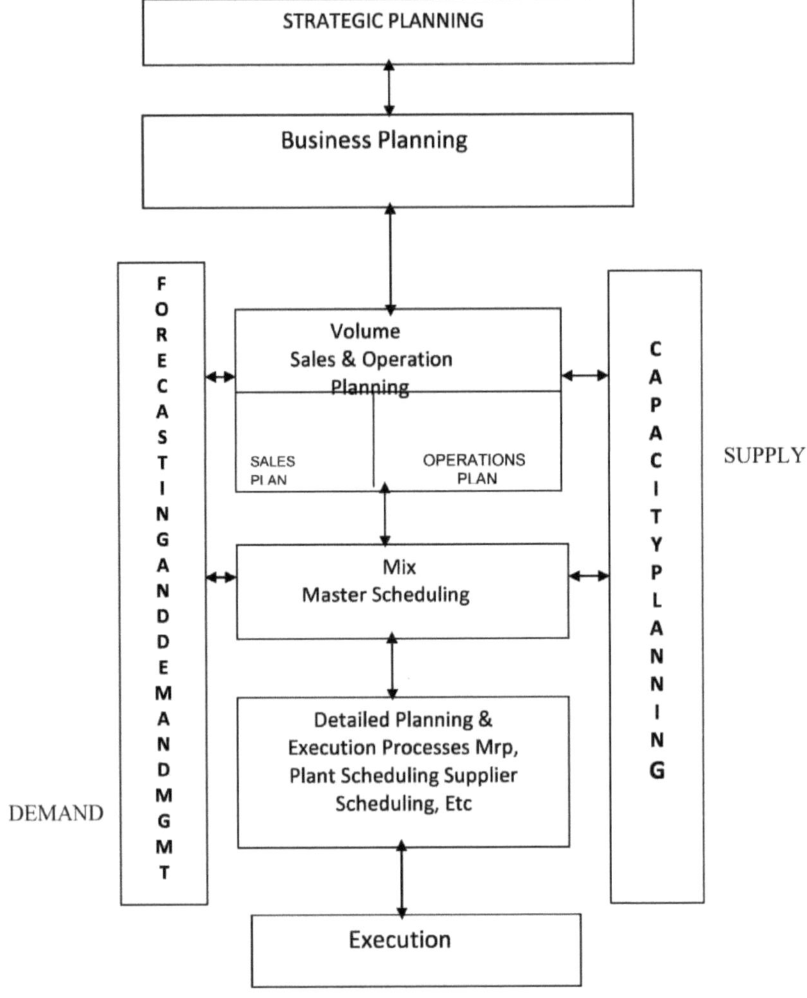

Fig. 4.3 Planeamento de recursos empresariais

O termo ERP referia-se originalmente à forma como uma grande organização planeava utilizar os seus recursos a nível organizacional. No passado, os sistemas ERP eram utilizados em empresas de maior dimensão e de carácter industrial. No entanto, a utilização de ERP mudou e é extremamente abrangente, atualmente o termo pode referir-se a qualquer tipo de empresa, independentemente do sector em que se insere. De facto, os sistemas ERP são utilizados em quase todos os tipos de organizações - grandes ou pequenas.

Para que um sistema de software seja considerado ERP, deve fornecer a uma organização a funcionalidade de dois ou mais sistemas. Embora existam alguns pacotes ERP que abrangem apenas duas funções para uma organização (QuickBooks: Payroll & Accounting), a maioria dos sistemas

ERP abrange várias funções.

Os sistemas ERP actuais podem abranger uma vasta gama de funções e integrá-las numa base de dados unificada. Por exemplo, funções como os recursos humanos, a gestão da cadeia de abastecimento, a gestão das relações com os clientes, as finanças, as funções de fabrico e as funções de gestão de armazéns eram, em tempos, aplicações de software autónomas, normalmente alojadas na sua própria base de dados e rede.

O planeamento dos recursos empresariais é essencial para aumentar a eficácia das empresas na satisfação das exigências e expectativas dos clientes e consumidores. A integração das funções, dos ficheiros e das actividades das empresas armazenadas em software permite que os funcionários acedam a informações importantes para monitorizar a cadeia de abastecimento, bem como a cadeia de produção. Para além disso, o ERP ajuda as empresas a poupar dinheiro, uma vez que não têm de atribuir um orçamento para o software de gestão de bases de dados que cada departamento utiliza. Além disso, a abordagem também pode diminuir as despesas de consumo de energia. Para maximizar a implementação deste processo, as empresas são encorajadas a designar funcionários de TI para manter e fornecer serviços de apoio ao sistema ERP.

Em geral, a solução ERP inclui funções como recursos humanos, finanças empresariais, planeamento e controlo da produção, gestão de materiais, gestão da qualidade, manutenção de instalações, gestão de serviços e vendas e distribuição.

Comparações entre MRP, MRPII e ERP

	MRP	MRPII	ERP
Focus scope	Departments' operation	Individual plant's operation	The recourses an entire enterprise
Focus issues	• Customer demand • Production schedule • Inventory levels • Available capacity at work centre • Focus on production and material planning capacity	• Customer demand • Production schedule • Inventory levels • Available capacity at work centre • Focus on manufacturing resource planning of integrating sales. production, material and finance	• Customer demand and available capacity at company plants world wide • Production schedule and inventory level along its supply chain as well as through the company • Focus on integrating the resource of R&D, sales, production, distribution, service and finance through company.
Information system	Mainframe	Microcomputer	Client / service

Operational cycle	Operational cycle	Operational cycle	Real time

Quadro 4.1: Comparações entre MRP, MRPII e ERP

CAPÍTULO 5

5. Necessidade de Planeamento de Recursos Empresariais (ERP) na Indústria

O ERP abrange as técnicas e os conceitos utilizados para a gestão integrada da empresa como um todo, com o objetivo de utilizar eficazmente os recursos de gestão para melhorar a eficiência da organização. Este sistema foi concebido para modelar e automatizar muitos dos processos básicos da empresa, desde as finanças até ao chão de fábrica, com o objetivo de integrar a informação em toda a empresa e eliminar ligações complexas e dispendiosas entre sistemas informáticos. Produz melhorias drásticas quando é utilizado para ligar partes de uma organização e integrar os seus vários processos. Assim, proporciona melhores produtos e melhores serviços a preços acessíveis. E o ERP tem as seguintes vantagens para uma indústria: [14]

A. Benefícios tangíveis do ERP para a indústria

- Maior e mais eficaz controlo das contas a pagar através de uma melhor faturação e processamento de pagamentos
- Redução da burocracia devido aos formatos em linha para introduzir e receber informações
- Melhoria do controlo dos custos
- Resposta e acompanhamento mais rápidos com os clientes
- Disponibilidade de informação atempada e exacta com conteúdo pormenorizado e melhor apresentação
- Melhor acompanhamento e resolução mais rápida de questões internas e externas.
- Resposta rápida às mudanças nas operações comerciais e no consumo do mercado.
- Processos empresariais melhorados que proporcionam uma vantagem competitiva.
- Melhoria da ligação entre a oferta e a procura com locais remotos e sucursais noutros países.
- Base de dados unificada de clientes utilizável por todas as aplicações
- Dados de escrita única e de leitura múltipla.

B. Benefícios intangíveis do ERP para a indústria

- Melhoria do serviço e da satisfação do cliente
- Maior flexibilidade nas operações
- Melhoria da utilidade dos recursos, redução dos custos de qualidade e exatidão das informações.
- Melhoria dos processos de tomada de decisão devido à disponibilidade de informação em linha.

5.1. O papel do ERP nas indústrias têxtil e do vestuário

Uma das indústrias mais antigas, que satisfaz as necessidades básicas da humanidade, é a "Indústria Têxtil". É uma indústria de mão de obra intensiva, de matéria-prima intensiva, de capital intensivo, de produto intensivo, de inventário intensivo e, com uma única exceção, as margens de lucro, que não são intensivas. A maior parte dos países desenvolvidos transferiu esta atividade para os países em desenvolvimento e agora abastece-se neles. A nova política de globalização eliminou todas as barreiras económicas e também criou uma concorrência feroz e muitos desafios entre as nações industrializadas. É do conhecimento geral que o exercício de globalização programado foi elaborado com os objectivos da sobrevivência do mais apto sem qualquer parcialidade de qualquer país. O mais apto significa produzir a melhor qualidade de produto a um preço mais barato, pelo que se tornou muito importante para uma indústria têxtil integrar-se nas Tecnologias de Informação para sobreviver nesta era de competição. A aplicação das TI reduziu efetivamente o tempo de fabrico, juntamente com o controlo constante e a retificação de eventuais falhas durante a mudança de produção. Uma inovação foi a aplicação ENTERPRISE RESOURCE PLANNING (ERP), que é uma ferramenta que permite uma coordenação eficaz entre os departamentos de uma organização para dirigir o processo, fornecendo informações comparativas e análises relativas a tendências e previsões. Ajuda a gerir eficazmente a cadeia de abastecimento, o inventário e a informação just-in-time, bem como a gestão da logística empresarial.

Assim, hoje em dia, as soluções ERP são largamente utilizadas para uma monitorização e um controlo eficazes, um planeamento e uma programação precisos das encomendas, melhores previsões de dados, uma resposta rápida a consultas e informações pormenorizadas em linha sobre as encomendas.

Para as fábricas têxteis mais modernas, pode-se pensar na aplicação da tecnologia da informação que pode ser utilizada desde a compra de algodão dos campos de acordo com as especificações, fibras das fábricas, aluguer de locais equipados com as máquinas de acordo com os requisitos, planeamento da produção de diferentes artigos de acordo com o calendário, manutenção da qualidade do produto final e, por último, ajuda na venda do produto final através da Internet.

A importância de uma gestão eficiente da produção é bem conhecida no controlo da rentabilidade global de uma unidade industrial. Um gestor de produção precisa de ter controlo sobre a produção da fábrica, a qualidade dos bens produzidos e o custo de produção. Nesta era centrada na informação, quanto melhor se estiver informado, melhor será o desempenho. Os sistemas informáticos de informação para o planeamento e controlo da produção destinam-se a dotar a gestão de informações precisas para a tomada de decisões acertadas. O número de empresas do sector têxtil que utilizam estes sistemas é muito reduzido. A utilização de tais sistemas na unidade mostra que os ajuda a estar muito à frente dos seus concorrentes em termos de utilização da capacidade, controlo de custos e quota de mercado. [12, 13]

BENEFÍCIOS DO ERP NA INDÚSTRIA TÊXTIL E DO VESTUÁRIO

Supplier benefit	Management benefit	Employee benefit	Customer benefit
Information in time about material to be provided.	Cost savings, improvement in savings. Good customer relationships.	Satisfaction in working and achieving goals with good team work.	Good services. Good quality at cheaper price.

Quadro 5.1 Benefícios do ERP na indústria têxtil e do vestuário

5.2. Solução ERP Datatex para a indústria têxtil e de confeção

A Datatex tem vindo a conceber, desenvolver e implementar soluções exclusivamente para a indústria têxtil e de vestuário desde 1987.

Quando a Datatex foi criada, em 1987, reunia duas competências: a primeira era a de um grupo de consultores de gestão têxtil, altamente familiarizados com as práticas de trabalho do sector; a segunda era a de uma empresa de software estabelecida, especializada em soluções ERP - enterprise resource planning.

O objetivo era construir uma aplicação ERP para o sector têxtil e do vestuário que se adaptasse às práticas de trabalho de cada empresa, em vez de obrigar os utilizadores a adaptarem os seus processos à aplicação.

O segundo objetivo era desenvolver um modelo de serviço que fosse muito além da simples entrega de um pacote de software - um compromisso a longo prazo para a criação de soluções de software para o sector têxtil e do vestuário com ciclos de vida alargados que crescessem e apoiassem as operações comerciais do utilizador em constante mudança ao longo dos anos.

As soluções de software especializadas da Datatex foram concebidas para clientes que trabalham em todo o espetro de segmentos da indústria: fabrico de têxteis, vestuário, moda para o lar, tecidos técnicos, acessórios, não tecidos, produtos laminados e revestimentos para pavimentos.

As suas soluções destinam-se tanto às empresas verticalmente integradas como às que efectuam apenas uma ou duas fases do processo, da fibra ao produto acabado.

A Datatex trabalha com 2 plataformas tecnológicas diferentes:

1) TIM-Textile Integrated Manufacturing é a versão anterior que se baseia na tecnologia AS400 da IBM. É um sistema muito estável com funcionalidades de classe mundial de que qualquer empresa têxtil necessitaria para gerir a sua atividade. 2) **NOW-** Network Oriented World é uma versão mais recente que é uma solução baseada na Web e é independente da base de dados/sistema operativo e da plataforma de hardware. Por conseguinte, funciona mais como um sistema aberto, sem restrições tecnológicas. Tem todas as caraterísticas do TIM e muito mais.

As áreas funcionais atualmente cobertas pelas soluções Datatex são

- ✓ Vendas e serviço ao cliente
- ✓ Planeamento e programação
- ✓ Gestão das ordens de produção: lançamento, programação e acompanhamento
- ✓ Gestão do inventário e do armazém
- ✓ Compras: serviço, produto, activos
- ✓ Cálculo de custos - cálculo de custos standard e real
- ✓ A base de dados - dados da empresa e do núcleo de fabrico

5.1.1. Vendas e serviço ao cliente

A solução acompanha passo a passo todo o processo de vendas e de execução das encomendas, evitando ou resolvendo problemas em cada fase e mantendo constantemente actualizadas as informações sobre o estado das encomendas.

O serviço de vendas e apoio ao cliente permite ao utilizador aceitar uma encomenda com uma data de entrega calculada e confirmada ao preço correto, depois de aprovar o crédito, e depois introduzir, acompanhar, atribuir, enviar e faturar a transação de forma simples e eficiente.

As seguintes funcionalidades são abrangidas pela rubrica Vendas e serviço ao cliente:

Contrato de venda global:

- Negociar acordos a longo prazo com os clientes, definindo: produtos selecionados (ou exclusivos), preços/descontos, previsões, volumes do acordo, datas efectivas...
- Não cumprir ou fazer cumprir as condições negociadas em todas as ordens de "call off" / libertações contra a BSA
- Capacidade de suportar encomendas com entrada apenas parcial do código do produto (estilo, por exemplo) na BSA e preenchimento do código do produto (cor ou tamanho, por exemplo) a fornecer em "alojamento" posterior

Entrada e processamento de encomendas:

- Modelos de encomendas para tipos de encomendas: normais, sortidos, amostras, novos produtos, artigos exclusivos...

- Captura de vendas únicas começando com a cotação ou entrada de pedido
  -Entrada rápida de encomendas (ecrã completo - várias linhas)
  -Entrada de encomendas matriciais (cor-tamanho ou cintura-cintura, por exemplo)
  -Interface do utilizador (ecrã e conteúdo) com cabeçalho e linhas definíveis pelo utilizador
  -Linhas de entrega múltiplas (datas de entrega diferentes e/ou pontos de entrega diferentes) - Processamento de encomendas personalizado para um fluxo de trabalho comercial especializado (ciclo de vida da encomenda)
  -Entrada de encomendas EDI em lote e no portal Web; importação de aplicações externas
  -Referência cruzada entre o número SKU (Stock Keeping Unit) do cliente e o número SKU interno
  -Kits , sortidos, embalagens, conjuntos
  -Capaz de suportar comprimento, peso e embalagem múltiplos / simultâneos de UM's (rolo, caixa, palete...)
  -Consulta em linha do estado das ordens de produção a partir da linha de ordens de venda
  -Notas , comentários, multimédia, descrições linguísticas...
  -Inquéritos e relatórios definidos pelo utilizador ; exportação para cápsulas de ferramentas analíticas empresariais
  Instalações de autosserviço ao cliente

Verificação da disponibilidade, programação e reserva:

-Fornecer aos clientes datas exactas de promessa de encomenda utilizando o Available-to-Promise (ATP)

-Satisfazer a procura com artigos alternativos, se necessário

-Disponibilidade de produtos em tempo real a partir da linha de encomendas

-Atribuições e reservas em linha

Preços, descontos, comissões e encargos

-Fixação automática de preços, descontos e cobranças de encomendas através da utilização de definições NOW

-Listas de preços dinâmicas e estáticas em diferentes moedas, datas de validade e UM's

-Preço por qualidade, gama e composição (por exemplo, preço efetivo mais despesas de transporte)

Libertação, recolha, embalagem e expedição

-Criar critérios de recolha definidos pelo utilizador, incluindo regras de sequência de libertação que controlam as atribuições de inventário

- Alterar a origem, a quantidade ou a localização na libertação de picking
- Restrições específicas do cliente (número máximo de peças por rolo, número permitido de defeitos por rolo, percentagem de quantidades encomendadas a mais ou a menos...) nas fases de atribuição, libertação, recolha e expedição
- Diferentes métodos de embalagem com ou sem leitura de UPC (Código Universal de Produto) ou diferentes tipos de códigos de barras
- Modelos definidos pelo utilizador para documentos de venda: picking, listas de embalagem, conhecimentos de embarque...
- Permitir a libertação e a expedição parciais, excedentárias ou de restos

Gestão de crédito a clientes - verificação de crédito, impostos, pagamentos e faturação

- Verificar automaticamente o crédito do cliente ao capturar a encomenda e antes de satisfazer o produto através da integração com qualquer pacote de software de contabilidade/finanças
- Políticas de cumprimento de encomendas/bloqueio de encomendas definíveis pelo utilizador (não aceitar a encomenda; aceitar mas não colocar em produção, produzir mas não enviar...)
- Códigos de imposto automáticos por defeito através da utilização de definições NOW
- Diferentes métodos de pagamento e endereços de faturação

Gestão da relação com o cliente

- Parceiros comerciais (clientes, fornecedores, subcontratantes externos e fornecedores internos)
- Parceiro de encomendas - Contactos múltiplos
- Endereços múltiplos (faturar a; enviar para; devolver de...)
- Campanhas de vendas - "SKU's de venda" (Stock Keeping Unit) vs. "SKU's internas"
- Análise/inteligência empresarial

Ordem de espera

- Aplicar a retenção a artigos, clientes, locais ou armazéns, ou combinações (consignação)
- Embalar e guardar, faturar e guardar...
- Gestão de centros de distribuição

5.1.2. Planeamento e programação

O planeamento tornou-se um fator crítico de sucesso no sector têxtil e do vestuário. Prazos de entrega mais curtos, entregas atempadas, lotes mais pequenos e aceitação de encomendas em linha são apenas algumas das expectativas actuais do mercado. Estas necessidades devem ser equilibradas com o desejo de minimizar o financiamento de stocks e maximizar as margens de lucro.

Métodos e tipos de planeamento

- Produção para encomendas de clientes a todos os níveis ou a níveis parciais (Make to Order - MTO)
- Produção para stock com base em previsões (Produção para stock - MTS)
- Alguns produtos em stock e outros por encomenda
- Início de stock e conclusão/acabamento por encomenda
- Aquisição da totalidade ou de parte das matérias-primas com base em previsões
- Atribuição de lotes de trabalhos a clientes específicos após a aceitação da encomenda ou antes da expedição

Previsão

- Cálculo da previsão utilizando o algoritmo "arima" (baseado na estação)
- Gestão de tendências
- Previsão por cliente, agente, mercado, época/coleção, período...
- Previsão por código de produto completo ou parcial, família de produtos
- Diferentes níveis de previsão (estilo e cor do estilo)
- Projecções
- Combinação de previsões, projecções e encomendas de clientes

Planeamento geral - Planeamento das necessidades têxteis (TRP)

- Apoio ao planeamento para uma ou várias empresas, locais, instalações e divisões

- Explosão multinível de material e capacidade (do produto acabado à matéria-prima)
- Capacidade de criar um plano de procura baseado em regras, com base numa combinação de: encomendas firmes de clientes, previsões de vendas, projecções, capacidade do centro de trabalho previamente reservada e níveis mínimos de inventário - com base numa estrutura de produtos total ou parcialmente definida
- Configuração baseada em regras para incluir: compensação, lista técnica completa/parcial, regras de material (lotes iguais/diferentes, alternativas permitidas, agrupamento...), comprado ou produzido, agrupamento/divisão, tamanhos de lote óptimos, diferentes UM's, vários sistemas de contagem de fios...
- Todas as actividades temporais (tempos de espera, tempos de preparação/transformação, tempos de espera...) consideradas
- Análise do impacto do plano de procura em relação a factores como as receitas das vendas, os lucros e as existências
- Ordens de reabastecimento recomendadas (tanto compradas externamente como produzidas internamente), com base na explosão do plano de procura (planos de compras e de produção)
- Identificação imediata de faltas de material e de encomendas de clientes "em risco" (o que permite aos planeadores serem proactivos na aceleração da produção ou fornecerem aos clientes datas de envio alternativas)
- Planeamento de centros de trabalho em torno de processos com "estrangulamentos
- Acompanhamento constante das revisões do calendário com as notificações adequadas
- São permitidos formatos de agrupamento definidos pelo utilizador em dias, semanas e meses

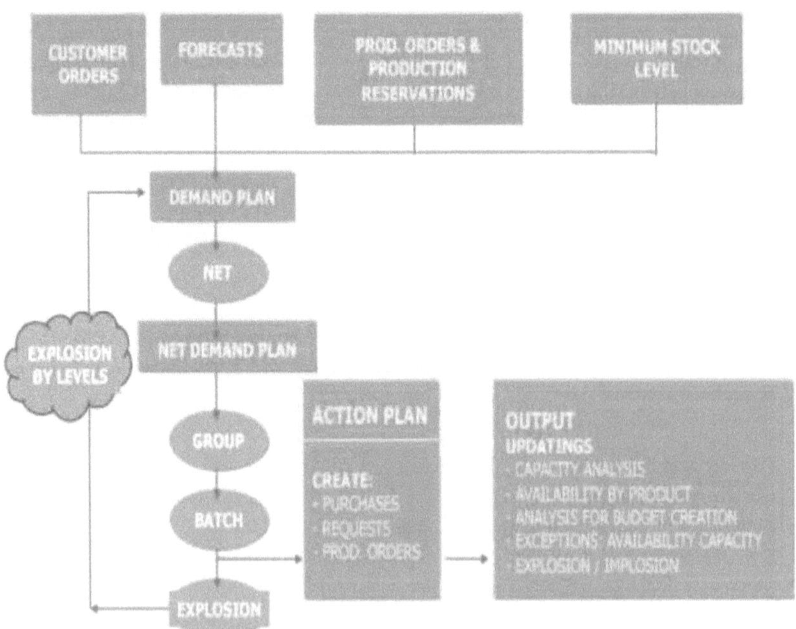

Fig. 5.1 Fluxo de planeamento das necessidades de têxteis

Programação de nível dos centros de trabalho (equilíbrio de capacidades)

- Programação automática e equilíbrio dos pedidos

- Configurável para considerar a capacidade infinita ou finita, utilizando uma ferramenta gráfica para visualizar ou modificar os resultados calculados
- Distinção visível da capacidade reservada por tipo de encomenda (previsão, projeção, confirmada, não confirmada)
- Deteção de estrangulamentos em caso de programação de capacidade infinita

Programação de máquinas

- O sistema de programação permite uma revisão e atualização gráfica em linha
- Programação de todos os tipos de departamentos e operações
- Algoritmos para maximizar a entrega atempada, minimizar os tempos de preparação/troca e minimizar o inventário de trabalho em processo (WIP)
- Destaque imediato das etapas de produção que sofrerão atrasos
- Otimizar a seleção de recursos
- Suporte para cenários "e se" / simulação
- Os cálculos de programação finita consideram também os requisitos de recursos adicionais, como mão de obra ou ferramentas, bem como a disponibilidade de materiais/componentes
- Possibilidade de divisão da máquina baseada no tempo em sub-recursos (quadros de produção de inhame)
- Gestão das regras de compatibilidade entre produtos e máquinas, entre produtos para sequenciamento (um após o outro) ou para agrupamento (produzidos juntos ao mesmo tempo) e para reserva de capacidade e produto (reserva de capacidade para um determinado cliente ou tipo de produção, como amostragem)

5.1.3. Gestão de ordens de produção: lançamento, programação e acompanhamento

O Datatex Production Order Management atende às necessidades de produção de cada empresa, fornecendo uma solução personalizada e abrangente capaz de compreender e gerir eficazmente as instalações de produção específicas de cada empresa.

Principais vantagens do sistema:

- Controlo preciso e minucioso de todos os processos de produção para maximizar o volume e os lucros de cada artigo - por departamento e por toda a empresa
- Acompanhamento da produção e relatórios de excepções
- Redução dos prazos de produção
- Melhoria da qualidade através de uma melhor gestão da utilização dos materiais e das definições dos parâmetros de produção
- Redução de resíduos com normas de processo e actividades de monitorização precisas
- Gestão exacta dos processos externos, incluindo expedição em trânsito, processos subcontratados e listas de preços para actividades encomendadas
    - Acompanhamento do inventário
    - Acompanhamento do tratamento externo
    - Cálculo de custos do trabalho
    - Faturação
- Comunicação proactiva entre a produção e o serviço de apoio ao cliente, de modo a que os potenciais atrasos e problemas possam ser identificados e corrigidos.

5.1.4. Gestão do inventário e do armazém

Uma visão exacta e pormenorizada do inventário em todos os níveis e instalações é uma ferramenta empresarial fundamental. Conhecer a localização, o estado, o valor e os prazos de entrega do inventário é essencial para tomar as decisões comerciais mais eficazes. O Datatex Inventory lida com precisão com todos os níveis de inventário e armazenamento - de matérias-primas a produtos acabados, bem como todos os níveis intermediários. E contém:

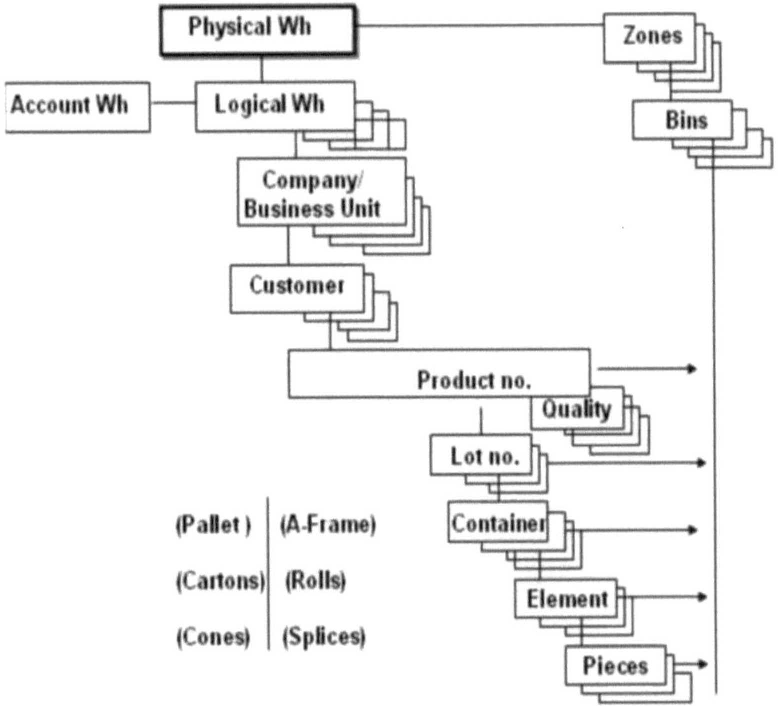

Fig. 5.2 Inventário e gestão

O inventário da Datatex trata de todos os níveis de inventário e armazenamento - desde as matérias-primas até aos produtos acabados

Sistema de gestão de armazém (armazém físico)

Nível de localização -Warehouse/zone/bin

-Peso, volume, comprimento, altura, largura mais 5 medidas/constrangimentos definidos pelo utilizador (por exemplo, tipo de rolo, tipo de caixa)

-Natureza das caixas (recolha, transferência, doca, controlo de qualidade e outros)

-Prioridade e estado do contentor (ativo/bloqueado)

-Diferentes produtos, lotes, contentores, entradas parciais/emissões permitidas por local

-Melhoria da organização do armazém para melhorar os tempos de resposta e aumentar os níveis de serviço ao cliente

- Eficiências de armazém optimizadas com controlo de localização concebido para tempos de resposta mais rápidos Sistema de Gestão de Armazém (Logical Warehouse)

- Possibilidade de armazenar qualquer tipo de produtos, tais como fibras, fios, matérias-primas em geral (produtos químicos, corantes, peças sobresselentes), produtos grelhados e produtos acabados, como tecidos acabados ou vestuário
- Gestão por quantidade, lote, tipo de contentor, número do contentor, elemento, número de elementos (rolo, caixa de cartão, número de cones por caixa) nível
- Múltiplos tipos de UM's: Kg/lb, metros/jardas, cada unidade, lotes, fardos, peças, pacotes, cones, caixas, paletes, rolos, cores, tamanhos, put-up's
- Visibilidade por nível de qualidade para o mesmo número de item / SKU (Stock Keeping Unit)
- Balanço simultâneo por 3 UM's (comprimento, peso e embalagem)
- Atribuição a outros depósitos, clientes ou ordens de produção
- O saldo de um produto no mesmo armazém lógico pode ser armazenado, por empresa e/ou cliente

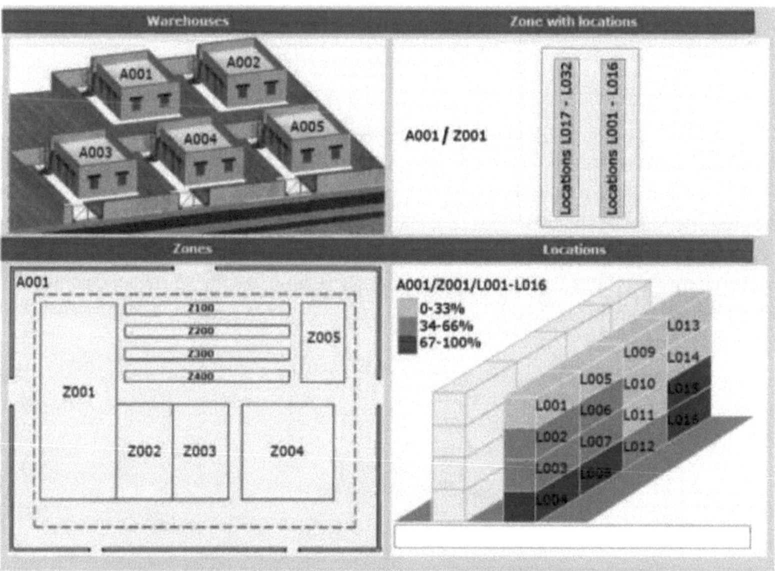

Fig 5.3 Sistema de gestão do armazém físico

Gestão física do armazém (WMS): vários armazéns - Tipos de zonas (pavimento ou solo) - Localização das caixas Manuseamento: natureza da localização: controlo/picking/entrada/... localização Medição/limitação: volume/peso/...

5.2.5. Compras: serviço, produto e activos

A compra de qualquer serviço, produto, ativo, matéria-prima e manutenção é gerida dentro da mesma aplicação. Datatex Purchasing gere todas as actividades: requisições / aprovações, ordens de compra, receção de mercadorias, correspondência de três vias e análise de fornecedores. O reabastecimento de material, as políticas que regem as quantidades de ordem económica, os prazos de entrega, os níveis mínimos/máximos de stock podem ser definidos e personalizados.

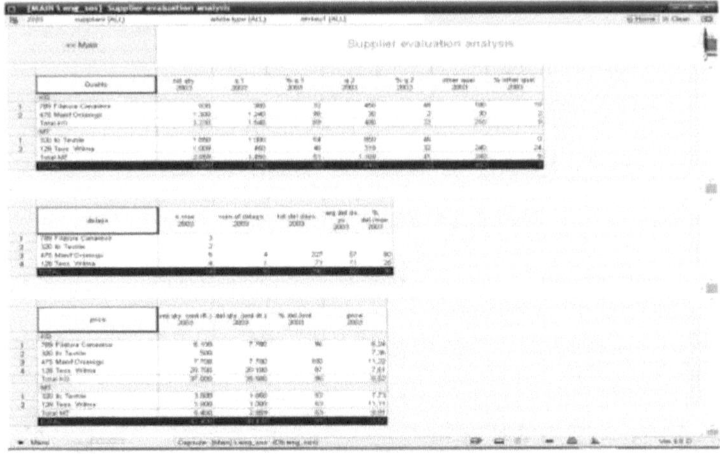

Fig. 5.4 Avaliação dos fornecedores

5.2.6. Cálculo de custos: custos-padrão e custos reais

O cálculo exato dos custos dos produtos é uma necessidade para a sobrevivência e o sucesso. A Datatex oferece a capacidade de calcular dinamicamente os custos padrão e reais para uma gama ilimitada de alternativas de produção.

A Datatex suporta todas as metodologias de custeio, incluindo ABC simples ou complexo, (Activity Based Costing). O objetivo é destacar com precisão as margens de contribuição para todos os produtos, serviços e combinações de produção. Para além disso, a solução irá acompanhar os custos reais, permitindo a comparação do real com o padrão.

Datatex Standard Cost Structure

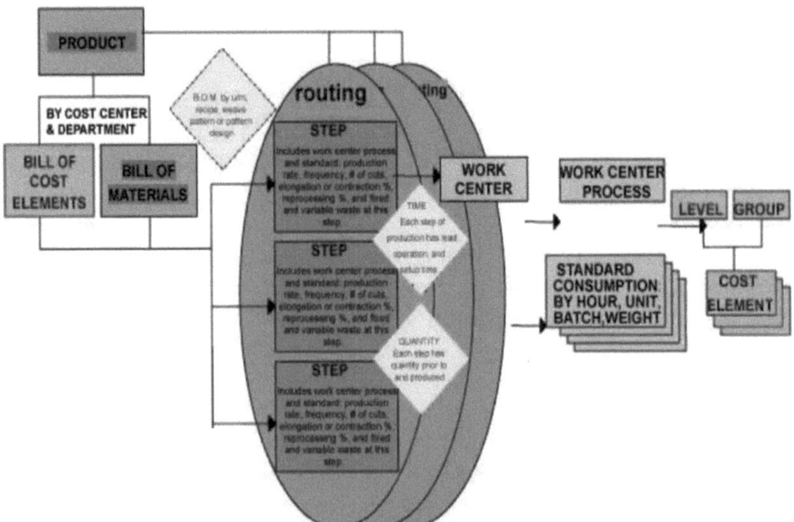

Fig 5.5 A estrutura de custos

5.2.7. Base de dados - empresa e núcleo de fabrico

A base de dados Datatex foi concebida para suportar as complexidades inerentes a todos os tipos de negócios têxteis. O módulo é altamente configurável e pode ser adaptado às práticas de trabalho de qualquer organização têxtil.

O módulo Base de dados oferece:

-Entidades de organização geral

-Modelos, políticas, grupos, tipos e contadores

-Base de dados sobre custos e produção [8]

5.3. Como é que o ERP pode melhorar o desempenho comercial de uma empresa?

O ERP automatiza as tarefas envolvidas na execução de um processo comercial - como a satisfação de encomendas, que envolve a receção de uma encomenda de um cliente, a sua expedição e a faturação da mesma. Com o ERP, quando um representante do serviço de apoio ao cliente recebe uma encomenda de um cliente, dispõe de todas as informações necessárias para concluir a encomenda (a classificação de crédito do cliente e o histórico de encomendas, os níveis de inventário da empresa e o calendário de camionagem da doca de expedição). Todos os outros departamentos da empresa vêem o mesmo ecrã de computador e têm acesso à base de dados única que contém a nova encomenda do cliente. Quando um departamento termina de processar a encomenda, esta é automaticamente encaminhada para o departamento seguinte através do sistema ERP. Para saber onde se encontra a encomenda em qualquer altura, basta entrar no sistema ERP e localizá-la. Com sorte, o processo de encomenda move-se como um relâmpago através da organização e os clientes recebem as suas encomendas mais rapidamente e com menos erros do que anteriormente. O ERP pode aplicar a mesma magia a outros processos importantes da empresa, como os benefícios para os trabalhadores ou os relatórios financeiros [1].

Com o ERP, os representantes do serviço de apoio ao cliente deixam de ser meros dactilógrafos que introduzem o nome de alguém num computador e carregam na tecla "Return". O ecrã do ERP faz deles pessoas de negócios. O ecrã apresenta a notação de crédito do cliente, proveniente do departamento financeiro, e os níveis de inventário dos produtos, provenientes do armazém. Será que o cliente vai pagar a tempo? Será que vamos conseguir expedir a encomenda a tempo? Estas são decisões que os representantes do serviço ao cliente nunca tiveram de tomar antes e que afectam o cliente e todos os outros departamentos da empresa. Mas não são apenas os representantes do serviço ao cliente que têm de acordar. As pessoas no armazém que costumavam manter o inventário na cabeça ou em pedaços de papel têm agora de colocar essa informação online. Se não o fizerem, o serviço de apoio ao cliente verá nos seus ecrãs níveis de inventário baixos e dirá aos clientes que o artigo solicitado não está em stock. A responsabilização, a responsabilidade e a comunicação nunca foram testadas desta forma [2]

5.4. Implementação de um sistema ERP

O software ERP foi concebido com o conceito de integração perfeita para simplificar as tarefas de processamento de transacções numa empresa. O software ERP foi concebido com o conceito de integração perfeita para agilizar as tarefas de processamento de transacções em toda a empresa. Embora se afirme que o software ERP proporciona enormes benefícios às organizações que o utilizam, existem inúmeras anedotas sobre o sucesso e o fracasso resultantes da sua utilização, o que tem sido largamente inexplorado é a natureza da utilização que desempenha um papel importante na determinação da produtividade e da eficácia da utilização, bem como do sucesso e do fracasso da implementação e da utilização.

As organizações estão a gastar grandes quantias de dinheiro na implementação de sistemas ERP, na esperança de obterem resultados significativos a partir da integração entre funções e unidades de negócio, bem como das melhores práticas incorporadas no software. No entanto, não é certo que as organizações obtenham efetivamente os benefícios esperados. Embora tenham sido sugeridos benefícios tão evidentes e influências em grande escala da implementação de sistemas ERP, muitos estudos indicaram que a implementação de um sistema ERP pode ser um processo extenso, moroso e dispendioso. Assim, os sistemas ERP têm de ser implementados cuidadosamente com uma coordenação integral entre peritos experientes, tais como o chefe de projeto, consultores externos e membros experientes da equipa de projeto de diferentes áreas funcionais da empresa. Entretanto, a importância do empenho da gestão de topo não poderia ser mais enfatizada para a realização do projeto ERP [3],

O processo de implementação do ERP passa por cinco fases principais: Planeamento Estruturado, Avaliação de Processos, Compilação e Limpeza de Dados, Formação e Testes e Utilização e Avaliação.

1. Planeamento estruturado: é a fase mais importante e crucial em que se seleciona uma equipa de projeto capaz, se estudam os processos empresariais actuais, se analisa o fluxo de informação dentro e fora da organização, se definem objectivos vitais e se formula um plano de implementação abrangente.
2. Avaliação do processo: é a fase seguinte, importante, em que são examinadas as capacidades do software em perspetiva, são reconhecidos os processos comerciais manuais e são criados procedimentos de trabalho normalizados.
3. Compilação e limpeza de dados: ajuda a identificar os dados que devem ser convertidos e as novas informações necessárias. Os dados compilados são então analisados para verificar se estão corretos e completos, eliminando as informações inúteis ou indesejadas.
4. Formação e testes: ajuda a testar o sistema e a formar os utilizadores com os mecanismos do ERP. A base de dados completa é testada e verificada pela equipa do projeto utilizando vários métodos e processos de teste. É realizada uma ampla formação interna onde todos os utilizadores envolvidos são orientados para o funcionamento do novo sistema ERP.
5. Utilização e avaliação: São a fase final e contínua do ERP. O ERP implementado ultimamente é implantado ao vivo na organização e é regularmente verificado pela equipa do projeto para detetar qualquer falha ou erro.

5.4.1. A necessidade de implementação do ERP

O principal objetivo da implementação do Enterprise Resource Planning é gerir a empresa, num ambiente em rápida mudança e altamente competitivo, muito melhor do que antes.

Atualmente, as organizações confrontam-se com novos mercados, nova concorrência e expectativas crescentes dos clientes. Esta situação colocou uma enorme exigência aos fabricantes no sentido de: (1) Reduzir os custos totais em toda a cadeia de abastecimento; (2) Reduzir os tempos de produção; (3) Reduzir as existências ao mínimo; (4) Aumentar a gama de produtos; (5) Melhorar a qualidade dos produtos; (6) Fornecer datas de entrega mais fiáveis e um melhor serviço ao cliente; (7) Coordenar eficazmente a procura, a oferta e a produção a nível mundial.

Isto significa que, para produzir bens adaptados às necessidades dos clientes e proporcionar entregas mais rápidas, a empresa deve estar estreitamente ligada aos fornecedores e aos clientes (ver Figura

5.9). Para conseguir melhorar o desempenho das entregas, reduzir os prazos de entrega dentro da empresa e melhorar a eficiência e a eficácia, os fabricantes precisam de ter sistemas de planeamento e controlo eficientes que permitam uma boa sincronização e planeamento em todos os processos da organização. Ao tornar-se a solução de informação integrada em toda a organização, os sistemas ERP permitem às empresas compreender melhor o seu negócio. Isto, por sua vez, exige a integração dos processos de negócio de uma empresa. O Planeamento de Recursos Empresariais (ERP) é uma ferramenta estratégica que ajuda a empresa a ganhar vantagem competitiva através da integração de todos os processos empresariais e da otimização dos recursos disponíveis. A implementação do ERP tornou-se uma tendência inevitável para as empresas. Embora o sistema ERP esteja a tornar-se cada vez mais popular, a implementação do sistema ERP é um desafio ainda mais assustador. Uma vez que o sistema ERP engloba todos os principais aspectos da empresa, os utilizadores têm de fazer literalmente milhares de escolhas sobre cada etapa de cada processo empresarial que operam para configurar um sistema ERP. Os projectos de ERP são também morosos, envolvem grandes equipas de pessoas e custos mais elevados. A grande maioria das empresas que passaram por uma implementação de ERP não foi totalmente bem sucedida.

O Planeamento de Recursos Empresariais (ERP) é um termo industrial para pacotes de software de aplicações multimodais e integradas, concebidos para servir e apoiar múltiplas funções empresariais. Um sistema ERP pode incluir software para fabrico, entrada de encomendas, contas a receber e a pagar, contabilidade geral, compras, armazenamento, transporte e recursos humanos. Com o software ERP, as empresas podem normalizar os processos empresariais e adotar mais facilmente as melhores práticas. Ao criar processos mais eficientes, as empresas podem concentrar os seus esforços em servir os seus clientes, maximizar os lucros e otimizar os recursos disponíveis. A implementação de um sistema de recursos empresariais (ERP) tornou-se uma tendência inevitável para as empresas [4].

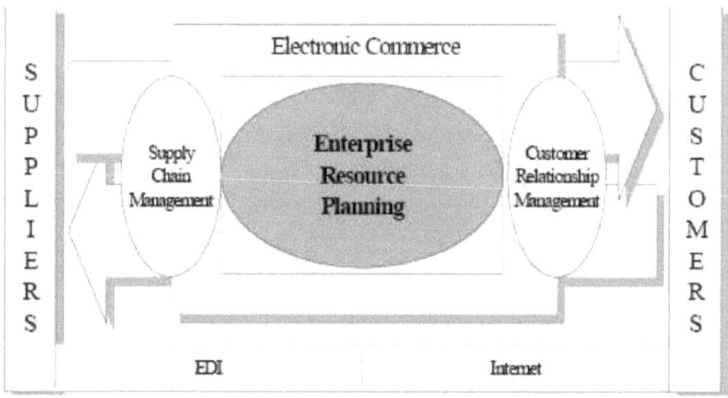

Figura 1-1 O papel do sistema ERP

Fig. 5.6: Ligação entre fornecedores e clientes

5.4.2. O desafio da implantação

1. é muito trabalho

A implementação do ERP como um novo conjunto de processos de tomada de decisão é uma tarefa importante que envolve muitas pessoas em toda a empresa, incluindo a direção geral. No fundo, toda a empresa deve aprender a lidar com as questões da procura e da oferta de uma nova forma. A velocidade do fluxo de informação com o software empresarial, combinada com a nova abordagem do ERP a todos os sistemas de planeamento e execução, representa uma grande mudança no pensamento da empresa - e isso significa muito trabalho.

2. é um projeto "faça você mesmo".

As implementações bem-sucedidas são feitas internamente. Por outras palavras, praticamente todo o trabalho envolvido deve ser feito pelos próprios funcionários da empresa. A responsabilidade não pode ser entregue a pessoas externas, como consultores ou fornecedores de software. Isso já foi tentado várias vezes e não funcionou bem. Os consultores podem ter um papel efetivo no fornecimento de conhecimentos especializados, mas só as pessoas da empresa a conhecem suficientemente bem e têm autoridade para mudar a forma como as coisas são feitas. Quando a responsabilidade de implementação é dissociada da responsabilidade operacional, quem é que pode ser legitimamente responsável pelos resultados? Se não houver resultados, os responsáveis pela implementação podem dizer que a implementação não foi correta. Quase sem exceção, as empresas que se tornaram de classe A ou B e que obtiveram os maiores benefícios em termos de resultados são aquelas em que foram os próprios utilizadores a implementar o ERP.

Por conseguinte, um princípio fundamental da aplicação é:

IMPLEMENTADORES = UTILIZADORES

As pessoas que implementam as várias ferramentas do Planeamento de Recursos Empresariais têm de ser as mesmas que irão operar essas ferramentas depois de implementadas.

3. não é a prioridade número um.

O problema é que as pessoas que precisam de o fazer já estão muito ocupadas com a sua primeira prioridade: receber encomendas dos clientes, fazer envios, cumprir os salários, manter o equipamento a funcionar, gerir a empresa. Todas as outras actividades devem ser subordinadas. A implementação do ERP não pode ser a prioridade número um, mas tem de ser considerada uma prioridade elevada na empresa, de preferência a prioridade número dois, logo a seguir à gestão da empresa.

É um trabalho intensivo em termos de pessoas.

O ERP é geralmente mal interpretado como um sistema informático. Não é bem assim. Trata-se de um sistema de pessoas que é possível graças ao software e ao hardware informáticos.

4. Exige a liderança e a participação dos gestores de topo.

Se o objetivo é realmente gerir melhor a empresa, então o diretor-geral e o pessoal devem estar profundamente envolvidos, porque são eles e só eles que têm a verdadeira influência sobre a forma como a empresa deve ser gerida. As alterações efectuadas a um nível inferior da organização não terão grande importância se a empresa continuar a funcionar como habitualmente no topo.

5. Envolve praticamente todos os departamentos da empresa.

Não basta que apenas os departamentos de produção, logística ou materiais estejam envolvidos. Praticamente todos os departamentos da empresa devem estar profundamente envolvidos na implementação do ERP; os mencionados, além de marketing, engenharia, vendas, finanças e recursos humanos [10],

CAPÍTULO 6

6. Metodologia de investigação

6.1. Objetivo da investigação

- Estudar a indústria têxtil e de vestuário da Etiópia e o atual sistema informático desta indústria.
- Estudar a sensibilização da indústria têxtil e de vestuário da Etiópia para o Planeamento de Recursos Empresariais (ERP).
- Compreender o potencial de mercado do sector têxtil e do vestuário da Etiópia para o ERP
- Estudar qual o sistema de TI mais utilizado na indústria têxtil e de vestuário da Etiópia e quais os desafios que enfrentam no sistema de TI.

6.2. Metodologia da investigação

Para este projeto, são utilizados dados primários e secundários.

- ✓ Os dados primários foram recolhidos através de conversas telefónicas e de questionários em linha
- ✓ Foram recolhidos dados secundários de diferentes fontes relacionadas com este projeto.

Dados secundários

Os dados secundários foram recolhidos de diferentes fontes, como projectos anteriores em áreas semelhantes, da Internet e de artigos publicados sobre o mesmo título.

Dados primários

Instrumento de recolha de dados: Questionário

Os dados primários foram recolhidos junto das empresas utilizando um dos instrumentos de recolha de dados, o questionário.

A recolha é feita através da Internet e de uma entrevista telefónica.

Para a recolha de dados primários, o questionário foi enviado por correio eletrónico a mais de 55 empresas e apenas 22 empresas responderam por correio eletrónico e 8 empresas através de entrevista telefónica, não tendo as restantes empresas aceitado fornecer quaisquer dados sobre a sua empresa, pelo que o tamanho total da amostra para os dados primários desta investigação é de 30.

Actividades da investigação

Study about Ethiopia (Geographic location, business, Growth structure and culture of the country)

Detail study and gathering of information about Ethiopian Apparel and Textile industry; about the strengths, weaknesses, opportunities, contribution of this industry to the country's GDP and challenges this industry facing on global market at this time.

Gathering of name of the company of Ethiopian Textile and Apparel Manufacturer, company type, their location, production capacity, their owners and IT head contact number and email address and making contact with company Managers.

Preparing short notes on ERP and Sending this information to the companies of Ethiopian Textile and Apparel, whole information about ERP (type, its solution, application etc) through their email address and getting feedbacks from them about their understandings on the information.

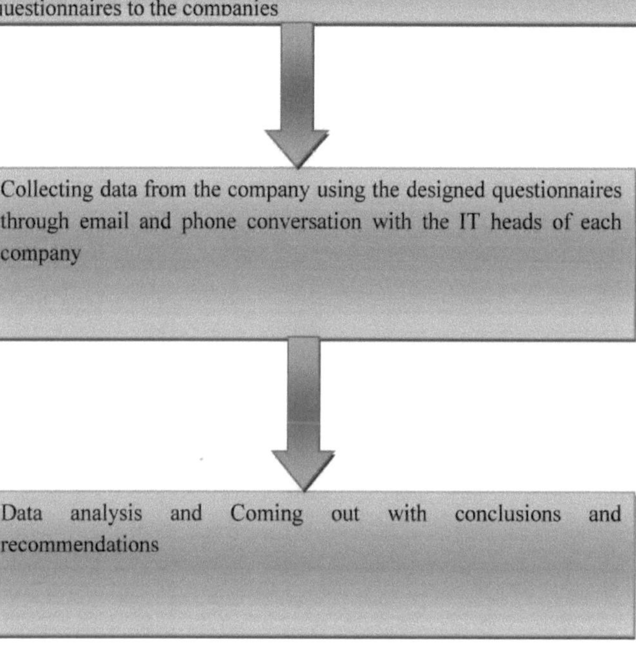

6.3. Análise de dados

1. Tipos de proprietários de empresas

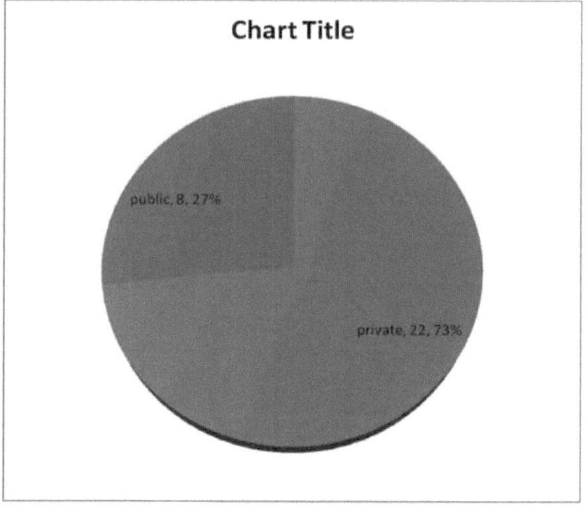

Fig. 6.1 Tipo de proprietário da empresa

A maioria das empresas inquiridas é propriedade de empresas privadas
Entre as empresas inquiridas, 73% são privadas e 23% são públicas.

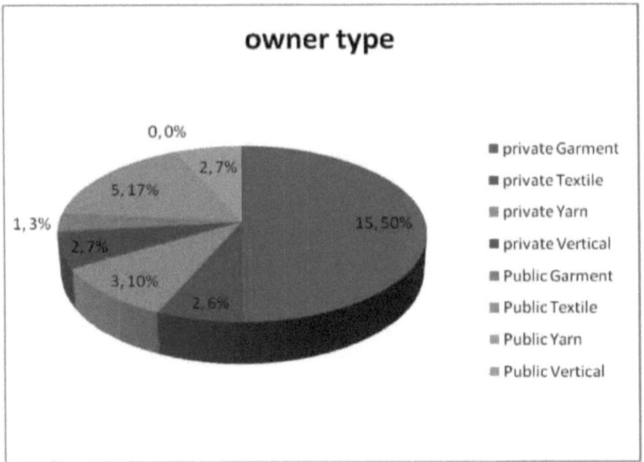

Fig. 6.2 Percentagem da empresa detida por privados e públicos.

Entre os 73% de empresas privadas, 50% são empresas de vestuário, 10% são empresas de inhame, 7% são empresas verticais e 6% são empresas têxteis. Este facto indica que a maioria das empresas de vestuário da Etiópia é propriedade de privados.

2. Tipos de atividade do inquirido

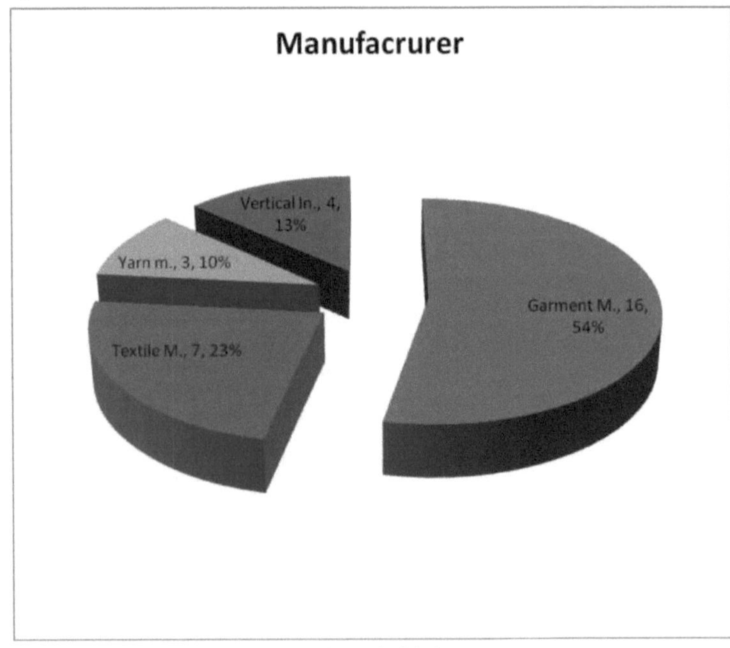

Fig. 6.3 tipos de fabricantes

Entre as empresas inquiridas, 54% são fabricantes de vestuário, 23% são fabricantes de têxteis, 13% são fabricantes de produtos verticais e 10% são fabricantes de fios. Isto indica que os fabricantes de vestuário são os mais numerosos na indústria têxtil e de vestuário da Etiópia.

A capacidade de produção das empresas inquiridas é a seguinte

- Vestuário de 20.796 a 10.000.000 peças de vestuário por ano
- Têxtil de 965.540 a 35.000.000 metros de tecido acabado e 5.513 a 13.300 toneladas de tecido de malha por ano (tonelada =1000kg)
- Inhame de 4.000 a 10.000 kg por dia
- E a maior parte dos fabricantes exporta os seus produtos para os EUA, países europeus e asiáticos como a China e o Japão.

3. volume de negócios anual das empresas inquiridas

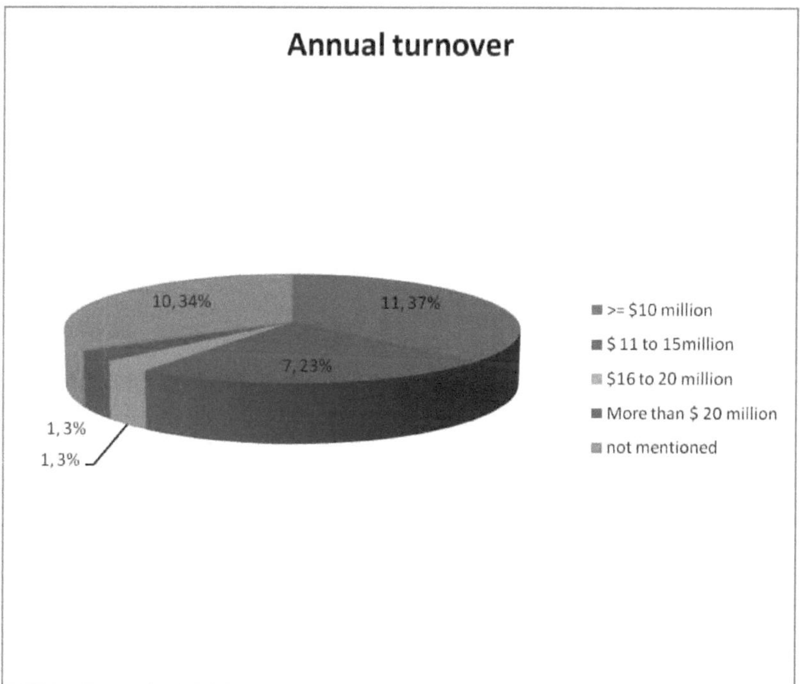

Fig. 6.4 Volume de negócios anual das empresas

Entre as empresas inquiridas, 11 têm um volume de negócios anual inferior ou igual a 10 milhões de USD, 7 têm entre 11 e 15 milhões de USD, uma entre 16 e 20 milhões de USD, uma mais de 20 milhões de USD e 10 não mencionaram ou não quiseram mencionar o seu volume de negócios anual. Este gráfico mostra que a maioria das empresas têxteis e de vestuário da Etiópia tem um volume de negócios inferior a 15 milhões de USD.

3. Departamento de tecnologias da informação das empresas

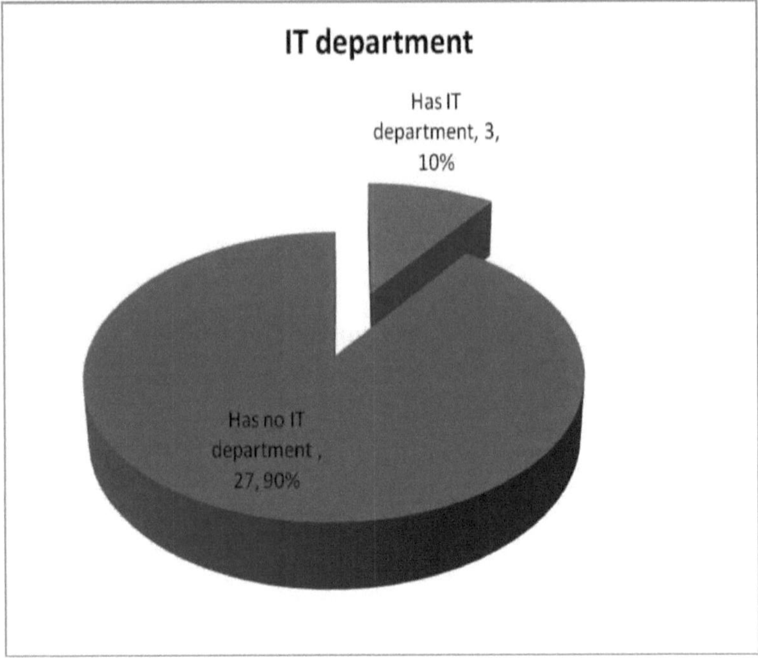

Fig. 6.5 Departamento de TI

A maioria das empresas têxteis e de vestuário da Etiópia não possui um departamento de TI separado. Como se pode ver no gráfico acima, 90% dos inquiridos não têm um departamento de TI separado e apenas 10% têm um departamento de TI separado na sua estrutura organizacional. A maior parte das empresas que não possuem um departamento de TI justifica o facto de não terem um departamento de TI separadamente:

- Problema de capacidade
- Problema de gestão e
- Problema de mão de obra qualificada no domínio informático

E isto mostra-nos que há um trabalho importante a fazer para que a indústria têxtil e de vestuário da Etiópia utilize as TI no seu sistema de produção, uma vez que a utilização de sistemas de TI ajuda a melhorar a sua produtividade e a sua competitividade no mercado internacional.

5. Percentagem de utilizadores de planeamento de recursos empresariais (ERP)

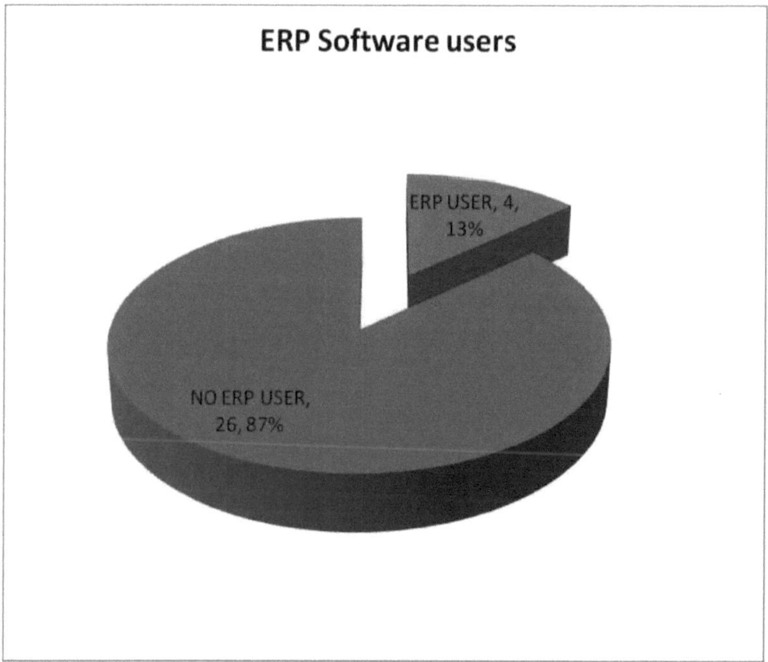

Fig. 6.6 Percentagem de utilizadores de ERP

Como se pode ver no gráfico acima, o ERP quase não é utilizado nas empresas da indústria têxtil e de vestuário da Etiópia. Entre as empresas inquiridas, apenas 13% utilizam o planeamento de recursos empresariais (ERP) no seu sistema de TI, mas 87% não utilizam o ERP.

Os programas informáticos mais utilizados nas empresas têxteis e de vestuário da Etiópia são os seguintes

- ✓ CAD na maior parte das empresas de confeção de vestuário na área do design e da produção de marcadores.
- ✓ Pessegueiro em empresas têxteis e de confeção na área da contabilidade.
- ✓ Planeador inteligente e_payroll em algumas empresas e para a área de planeamento e contabilidade.
- ✓ CRM numa única empresa entre os inquiridos

Mas este software não é muito aplicável na área do planeamento e da produção e as empresas utilizam-no sobretudo na área da contabilidade, mas para melhorar a produção é muito importante utilizar um sistema de TI na área do planeamento e da produção.

6. Áreas de aplicação do sistema informático nas empresas

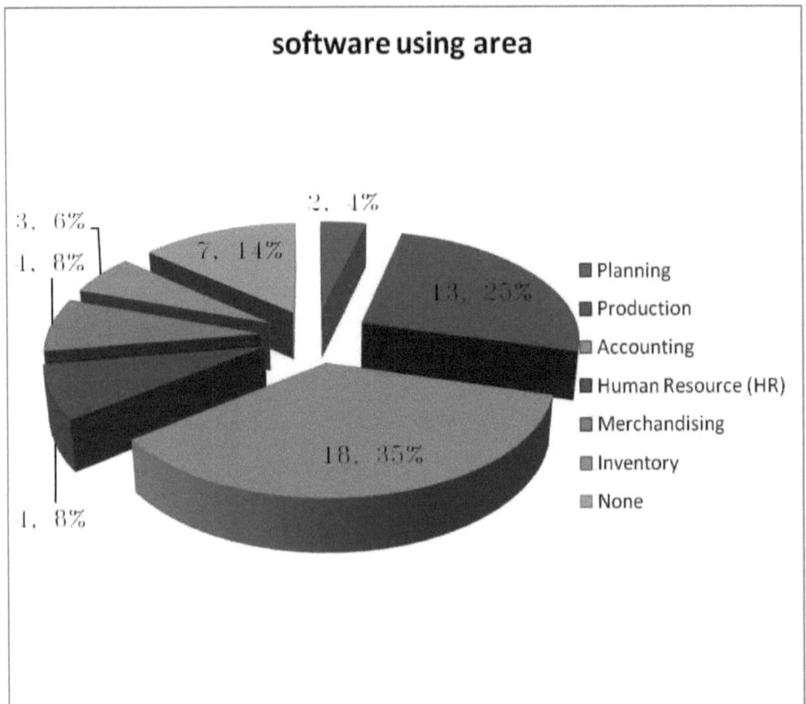

Fig. 6.7 áreas de aplicação de software

A maioria das empresas têxteis e de vestuário da Etiópia utiliza sistemas de TI na área da contabilidade. Como se pode depreender do gráfico acima, 35% dos inquiridos utilizam o sistema de TI na área da contabilidade, 25% utilizam-no na área da produção, 8% na área da comercialização, 8% na área dos recursos humanos (RH), 6% no inventário, 4% na área do planeamento e 14% não utilizam qualquer sistema de TI em todas as áreas. Daqui se depreende que a maioria das empresas utiliza o sistema de TI na área da contabilidade em detrimento de outras áreas, mas, para serem mais produtivas, as empresas têm de se adaptar, utilizando sistemas de TI de apoio também nas áreas do planeamento e da produção. Além disso, há que iniciar mais esforços neste domínio.

7. Conhecimento do ERP Datatex nas empresas inquiridas

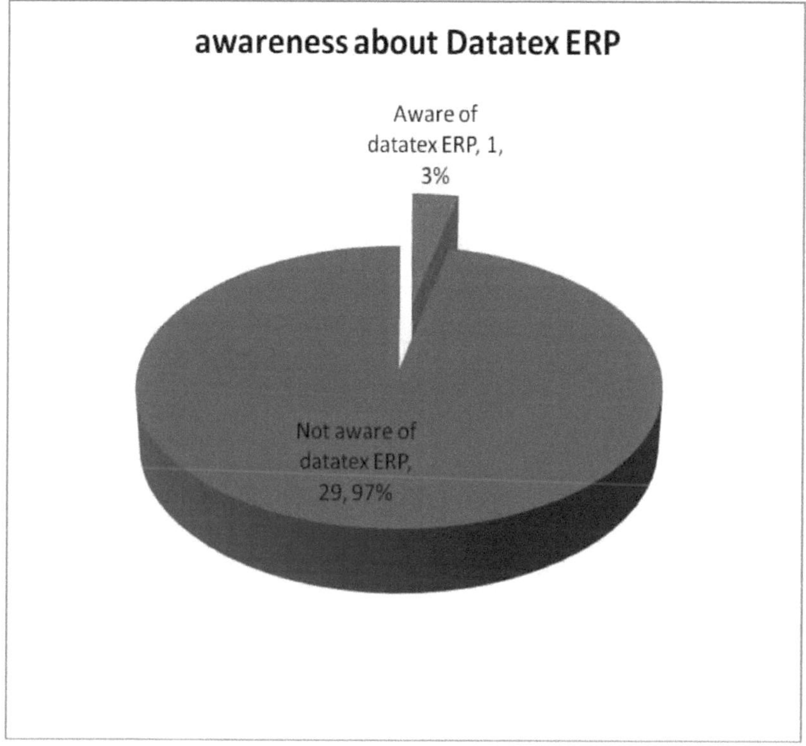

Fig. 6.8 Conhecimento do ERP da Datatex

O planeamento de recursos empresariais (ERP) é conhecido de forma generalizada nas empresas têxteis e de vestuário da Etiópia, mas quando consideramos o ERP da Datatex, as empresas não têm informações sobre o mesmo. Como o gráfico acima explica, quase todas (97%) as empresas inquiridas não têm informações sobre o ERP da Datatex, apenas 3% têm informações sobre o mesmo e espera-se mais trabalho nesta área para sensibilizar as empresas para a Datatex, como o envio de informações sobre a Datatex para as empresas através do seu endereço de correio eletrónico.

8. Interesse do inquirido em conhecer o ERP da Datatex.

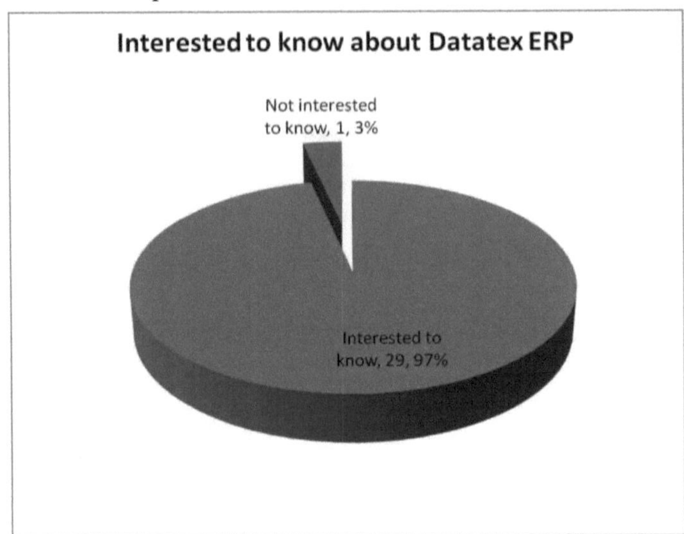

Fig. 6.9 empresas interessadas em conhecer o ERP da Datatex

Entre os inquiridos, quase todos, ou seja, 97%, querem saber mais sobre o planeamento de recursos empresariais da Datatex. Apenas 3% dos inquiridos que já têm informações sobre o ERP da Datatex não querem obter mais informações sobre o mesmo. Isto indica que há mais oportunidades para tornar o software ERP da Datatex conhecido na Etiópia.

9. Inquiridos interessados em implementar o ERP

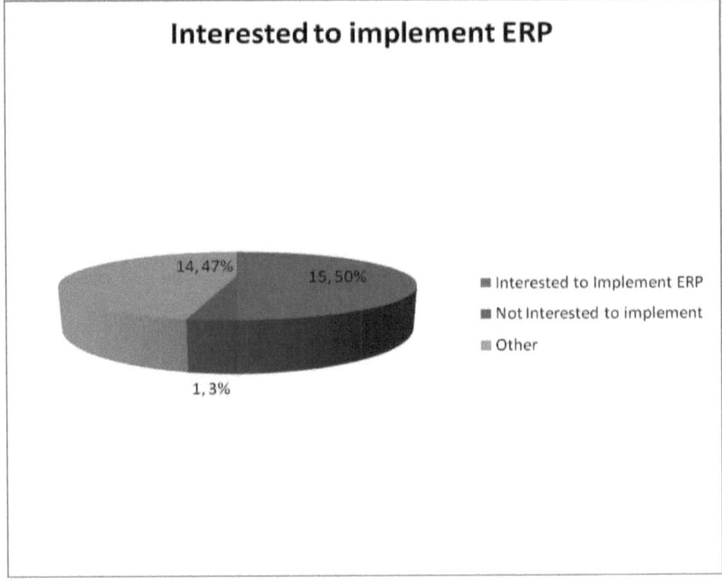

Fig. 6.10 empresas interessadas em implementar o ERP no futuro

50% das empresas inquiridas estão interessadas em implementar o ERP para o futuro, 47% delas querem saber mais sobre o ERP e a sua rentabilidade para a sua empresa antes de decidirem sobre a implementação e apenas 3% dos inquiridos não estão interessados em implementar o ERP e dão a razão de que será demasiado dispendioso implementar o ERP no seu sistema de TI. Isto mostra que existe um mercado potencial para o ERP nas empresas etíopes.

CAPÍTULO 7

7. Conclusão, sugestão e trabalho futuro

7.1. Conclusão

❖ Sistema de tecnologias da informação da indústria têxtil e de vestuário da Etiópia

Atualmente, as tecnologias da informação (TI) desempenham um papel vital no domínio da indústria têxtil e do vestuário. Qualquer unidade de fabrico emprega quatro factores: homens, materiais, máquinas e, claro, dinheiro. Para obter sucesso organizacional, os gestores têm de se concentrar na sincronização de todos estes factores e no desenvolvimento de sinergias dentro e fora das operações organizacionais, mas quando se trata da indústria têxtil e de vestuário da Etiópia:

- De um modo geral, o sistema informático deste sector não está bem organizado. A maior parte das empresas desta indústria não são utilizadores de sistemas informáticos modernos.
- Quase todas as empresas do sector têxtil e do vestuário da Etiópia não têm um departamento de TI separado na sua estrutura organizacional.
- Não dispõem de um orçamento anual separado para as TI e
- Enfrentam o problema da falta de mão de obra qualificada neste domínio

❖ Planeamento de recursos empresariais (ERP) na indústria têxtil e de vestuário da Etiópia

Para serem verdadeiramente competitivas, as empresas industriais devem fornecer produtos a tempo, rapidamente e de forma económica. O conjunto de processos empresariais conhecido como Enterprise Resource Planning (ERP) provou ser uma ferramenta essencial para atingir estes objectivos. As suas capacidades oferecem um meio para gerir eficazmente os recursos necessários: materiais, mão de obra, equipamento, ferramentas, especificações de engenharia, espaço e dinheiro. Para cada um destes recursos, o ERP pode identificar o que é necessário, quando é necessário e qual a quantidade necessária. Dispor de conjuntos de recursos adequados no momento certo e no local certo é essencial para uma resposta económica e rápida às exigências dos clientes, mas quando se trata do ERP, é quase um termo novo para a indústria têxtil e de vestuário da Etiópia. Entre as empresas desta indústria, apenas 13% utilizam o ERP e só o fazem em áreas específicas, mas 87% não utilizam o ERP.

❖ Plano futuro das empresas da indústria têxtil e do vestuário da Etiópia em matéria de utilização de TI e ERP

Quase todas as empresas nesta área estão interessadas e a trabalhar no sentido de terem um sistema de TI bem organizado e de utilizarem o ERP na sua organização no futuro. E isto indica que haverá um mercado potencial para o ERP na indústria têxtil e de vestuário da Etiópia, uma vez que 97% das empresas nesta área estão interessadas em implementar o ERP no futuro.

7.2. Sugestão

Embora as empresas da indústria têxtil e de vestuário da Etiópia necessitem de ter um sistema de TI organizado e queiram implementar o Planeamento de Recursos Empresariais (ERP) para o futuro, os conhecimentos que têm nesta área não são satisfatórios para que a sua decisão seja perfeita. Assim, para que as empresas têxteis e de vestuário da Etiópia se tornem utilizadoras do ERP, é necessário começar por fazer o seguinte

- Criar ligações com as empresas, se possível diretamente ou através do instituto de apoio da indústria têxtil e de vestuário da Etiópia e dos institutos académicos têxteis.

Uma vez que será difícil estabelecer um contacto direto com as empresas, é preferível contactá-las através do instituto de apoio. Existem alguns institutos na Etiópia que apoiam as empresas têxteis e de vestuário da Etiópia, tais como

- Instituto de Apoio às Indústrias Têxtil e do Vestuário (TGISTI)
- Associação de Fabrico de Têxteis da Etiópia (ETMA)
- Empresa de fabrico de têxteis e vestuário da Etiópia (ETGME)
- Departamento de Engenharia Têxtil da Universidade de Bahi Dar.

➢ Dar-lhes a conhecer o ERP

A maioria das empresas têxteis e de vestuário da Etiópia, 87%, não são utilizadoras de ERP e 97% não têm qualquer informação sobre o ERP da Datatex, pelo que é importante fornecer-lhes informação suficiente sobre o ERP, incluindo a sua importância na melhoria da produtividade, custos e desvantagens para os gestores ou proprietários das empresas, o que pode ser feito através do instituto de apoio acima referido. Além disso, é necessário trabalhar mais na formação dos trabalhadores, proprietários ou gestores das empresas sobre a importância do sistema de TI para gerir eficazmente o seu negócio e como é importante mantê-los em contacto com o mercado globalizado.

➢ Dar-lhes formação

Como se pode depreender desta investigação, a mão de obra qualificada na área das TI é um dos principais problemas que as empresas têxteis e de vestuário da Etiópia enfrentam, mas, por outro lado, para utilizar o software ERP, a mão de obra qualificada nesta área é muito importante, pelo que, quando se considera a implementação do ERP nestas empresas, é importante admitir que tem de ser feito mais trabalho na área da formação.

7.3. Limitações da investigação e trabalhos futuros

A investigação centrou-se apenas no estudo geral da sensibilização da indústria têxtil e de vestuário da Etiópia e do seu potencial de mercado para o Planeamento de Recursos Empresariais (Datatex ERP) e do seu interesse futuro em utilizar o ERP. Por conseguinte, devem ser realizados trabalhos futuros sobre a comparação da produtividade das empresas têxteis e de vestuário da Etiópia que utilizam e não utilizam o ERP e sobre a implementação do planeamento dos recursos empresariais (ERP) nas empresas que estão interessadas em implementá-lo.

Bibliografia

Voltar

1. J petty. D e K. Harrison, D System for planning & Control in Manufacturing, MPG books Ltd, Bodmin com wall, 2002
2. Wisconsin Milwaukee, Competitive Product Development, ASQC Quality press, 1993
3. Slater Roger Integrated process Management, (A quality model), Me Graw-hill Inc, USA 1991
4. Higgins Paul, Le Roy PATRICK e Tierney Liam, Manufacturing Planning & Control, Beyond MRP II, Grã-Bretanha, 1996
5. **Etiópia:** História, Geografia, Governo e Cultura - Infoplease.com
6. Turismo **na Etiópia**: (http://www.tourismethiopia.org/)
7. http://www.fibre2fashion.eom/industry-article/5/447/erp-in-apparel-industryl.asp
8. http://www.datatex.com/en/products/core dados de fabrico.php
9. F.Wallace Thomas e H.KremZar, ERP: Making it Happen, Wiley and Sons, inc. EUA, 2001

10. Relatório de investigação de 2008 sobre o sector têxtil e do vestuário na Etiópia.
11. The Potential For Ethiopia's Textile And Garment Industry, março de 2007, por Niki Tait
12. ERP na indústria do vestuário por P. Ganesan, S.Hariharan, E. Praddeep & A. Prakash
13. O papel do ERP nas indústrias têxteis por S. Sudalaimuthu & N. Vadivu

Anexo 1

Questionários para a empresa

Nome da empresa:
Pessoa de contacto:
ID do correio eletrónico:
Número de contacto:
Dados da empresa:

1. De que tipo de empresa se trata? (privada ou pública)
2. Que tipo de atividade a empresa exerce
    - Fabrico de vestuário
    - Fabrico de têxteis
    - Fabrico de inhame
    - Integração vertical (fabrico de vestuário e têxteis)
3. Qual é a dimensão e a capacidade da empresa?
4. Qual é o volume de negócios anual da empresa?
5. Para que países a empresa exporta os seus produtos?
6. A empresa tem um departamento de TI?
    - Sim
    - Não
7. Se a resposta à pergunta anterior for negativa, porquê?
8. Se a resposta à pergunta n.º 6 for afirmativa, quais são os sistemas/infra-estruturas de TI da empresa?
9. Que tipo de software está a empresa a utilizar neste momento?
10. Há quantos anos é que a empresa utiliza este sistema?
11. A empresa utiliza algum ERP (planeamento de recursos empresariais)? (sim/não)
12. Se a sua resposta à pergunta anterior for afirmativa, que tipo de sistema ERP está a utilizar?
13. Em que área está a utilizar o sistema informático que está a utilizar neste momento?
    - Para o planeamento
    - Produção
    - Contabilidade
    - Recursos humanos
    - Merchandising
    - inventário
14. Qual é o orçamento anual da empresa para o departamento de TI?
15. Está satisfeito com o seu atual sistema de software/ERP (se for utilizador)?
16. Tem conhecimento do software denominado sistema informático Datatex Enterprise Resource Planning (ERP)?
17. Se a sua resposta for afirmativa à pergunta 16, quais os módulos?
18. Qual é o plano futuro da empresa para melhorar o seu sistema informático?

19. Se não é utilizador de ERP (enterprise resource planning), quer saber mais sobre as soluções ERP para a sua empresa?
20. Estaria interessado em conhecer o sistema de planeamento de recursos empresariais (ERP) e implementá-lo na sua organização?

Books on Demand GmbH, Norderstedt / Germany